"十三五"国家重点研发计划项目"预制装配式混凝土结构建筑产业化关键技术"（2016YFC0701900）、"工业化建筑设计关键技术"（2016YFC0701500）、"装配式混凝土工业化建筑高效施工关键技术研究与示范"（2016YFC0701700）资助

装配式建筑设计指南

双面叠合剪力墙结构建筑设计指南

叶浩文　主　编
樊则森　执行主编

中国建筑工业出版社

图书在版编目（CIP）数据

双面叠合剪力墙结构建筑设计指南/叶浩文主编. —北京：中国建筑工业出版社，2019.9
（装配式建筑设计指南）
ISBN 978-7-112-24183-5

Ⅰ.①双… Ⅱ.①叶… Ⅲ.①剪力墙结构-住宅-建筑设计-指南 Ⅳ.①TU241-62

中国版本图书馆CIP数据核字（2019）第193099号

责任编辑：王砾瑶　范业庶
责任校对：焦　乐

装配式建筑设计指南
双面叠合剪力墙结构建筑设计指南
叶浩文　主　编
樊则森　执行主编

*

中国建筑工业出版社出版、发行（北京海淀三里河路9号）
各地新华书店、建筑书店经销
北京佳捷真科技发展有限公司制版
天津翔远印刷有限公司印刷

*

开本：787×1092毫米　1/16　印张：6　字数：124千字
2019年11月第一版　2019年11月第一次印刷
定价：**62.00元**
ISBN 978-7-112-24183-5
（34689）

版权所有　翻印必究
如有印装质量问题，可寄本社退换
（邮政编码100037）

《装配式建筑设计指南》编委会

主　　　编：叶浩文
执 行 主 编：樊则森
副 　主 　编：郭海山　李　文　孙占琦
编写组成员：吴　江　李志武　郑文国　蒋　杰　陈朝华
　　　　　　徐牧野　王洪欣　芦静夫　徐政宇　李张苗
　　　　　　张　玥　刘文来　方　园　李　丹　贺水林
　　　　　　王　健　苏　颖　黄奕玲　刘雅芹　张庆昱
　　　　　　陈雨濛　陆　玮　范林飞　李新伟　苏世龙
　　　　　　王　宁　邱　勇　刘　恩　靳　成　丁秋月
　　　　　　范　熠　包　戈　潘旭钊　校力湛　王　浩
　　　　　　白聪敏　宋优优　伍　明　浦华勇　樊丽娜
　　　　　　杜海杰　王　春　王连滨　李晓丽　鲁晓通
　　　　　　廖敏清　罗传伟　张　炜　张文文　赵文娟
　　　　　　孙嘉琦　张俊峰　谭睿楠　李黎明　陈鹤鸣
　　　　　　张恒博　杨巧霞　付　鹏　张　川　高　冉
　　　　　　陈耀宇　谢　华　周　姝　谢天婵　程小威
　　　　　　邢　靖　赵秀峰　易培灿　李志星　杨志敏
　　　　　　陈庆子　厉旭初　王　秒　董庆园　吴嘉蒙
　　　　　　毕晓明　吕学勇　李善玉　佟　华　王　硕
　　　　　　张鹤旻　付　也　刘沛雨　曾　启　陈小帅
　　　　　　刘　鹏　肖子捷　彭亚梅　王文静　于春义
　　　　　　张王丽　马惠芳　张耀拴　刘　恩　郑声波
　　　　　　罗　斌　孙松峰　张道临　周金凤　蒋亚军
　　　　　　赵长祜

本书编写组

主　编：叶浩文
副主编：樊则森　孙占琦
编　著：王　宁　邱　勇　王　健　靳　成　张　炜
　　　　郑声波　高　冉　李张苗　丁秋月

序

装配式建筑怎么搞，一直是困扰行业的难题。

中建科技坚持将装配式建筑作为一个建筑产品来认识，对标工业产品，其最大的特征是在生产线上加工生产，是流水作业，就像汽车在工厂里不同的生产线生产不同的汽车产品，因此，工业产品要考虑生产工艺的要求，什么工艺对应什么产品。

不同产品下，每个建筑应有自己归属的技术体系，不同的技术体系应有自己的标准化的构件和部品部件，如住宅剪力墙体系产品对应自己的构件和部品部件，框架结构对应自己的构件和部品部件，钢结构体系对应自己的构配件，混合结构产品对应自己的构配件，东南西北不同地域的产品对应自己的构件。

投资人选的是建筑产品，选的是建造商及其建筑产品体系，确定建造标准和建筑造价后，建造商依据合同订单确定建筑产品体系、技术及工艺，按照约定的工期建成交付建筑产品。在国际上，主导建筑产品的是总承包商，总承包有自己的产品体系，有自己的分包商、供应商，就像飞机有自己的加工生产工厂，形成了产业链上下游关系，下游为上游配套服务。在这方面日本很突出，几个大的总承包商有着各自的技术体系产品，偷不走。

正是基于上述理念，公司自2015年成立以来，始终坚持对标制造业，建立产品思维，秉持建筑、结构、机电、内装一体化，设计、生产、施工一体化，技术、管理和市场一体化（简称"三个一体化"）的发展观，采用REMPC（研发、设计、制造、采购、施工）五位一体模式，研发并实践了装配式剪力墙结构建筑体系、装配式混凝土框架结构建筑体系、装配式钢结构建筑体系、装配式钢和混凝土组合结构建筑体系、装配式钢混组合主次结构建筑体系、双面叠合剪力墙结构建筑体系、模块化钢结构建筑体系等十大产品技术体系。

产品是企业的，不同的企业有不同的产品，企业自己研究自己的产品，充满着自己的特征，企业必须有自己的产品技术体系，自己的企业标准。为了形成中建科技的产品技术体系，我们编制了《中建科技十大产品技术体系指南》，包括《装配式建筑设计指南》、《装配式建筑构件生产指南》、《装配式建筑装配施工指南》，供设计、加工生产和装配施工使用。

工业产品首先需要概念设计、方案设计、整体设计、系统设计、部件配件设计等。装配式建筑也一样，首先要概念设计、整体设计、施工图设计、构件和部品部件设计，不能倒过来先搞构件配件设计，构配件用在哪里都不知道，就先进行构件的设计是不行的。也就是说没有整体设计、系统设计、施工图设计就进行构件的标准图集设计是不行的。因为用在哪里还不确定，放在什么部位还不确定，设计构件尺寸就无法确定，没有尺寸的标准图作用不大，要规划设计先行，标准化设计是装配式建筑技术体系的核心。本次我们先行出版《装配式建筑设计指南》系列丛书，体现了设计技术对企业产品技术体系的引领作用。希望通过我们的努力和尝试，趟出一条可推广、可复制，并融合工业化、绿色化和信息化共同发展的新型建造之路。

2019 年 9 月于北京

前 言

装配式建筑是由预制部品部件在工地装配而成的建筑,具有标准化设计、工厂化生产、装配化施工、一体化装修、信息化管理5大特征。发展装配式建筑是房屋建造方式的重大变革,也是建筑业落实绿色发展理念的重要举措。其目的是通过技术创新、产品创新、管理创新、机制创新,实现建筑业的绿色化、工业化、信息化转型发展。

中建科技有限公司作为中国建筑股份有限公司的全资子公司,是我国致力于推进建造理念创新、产品体系创新和管理模式创新,引领绿色、智慧、装配式建筑发展的投资建设集团。自2015年成立以来,坚持"设计、生产、施工一体化,建筑、结构、机电、装修一体化和技术、市场、管理一体化"发展路径,聚焦行业痛点和关键问题,研发并形成了装配式剪力墙结构建筑体系、双面叠合剪力墙结构建筑体系、装配式混凝土框架结构建筑体系、装配式钢结构建筑体系、装配式钢和混凝土组合结构建筑体系、装配式钢混组合主次结构建筑体系、模块化钢结构建筑体系、全装配式低多层建筑体系及干式预应力快速装配混凝土框架结构建筑体系十大产品体系,采取R(研发)E(设计)M(制造)P(采购)C(施工)工程总承包模式,先后承接了深圳裕璟幸福家园、深圳长圳公共住房及其附属工程EPC总承包、坪山高新区综合服务中心、坪山实验、竹坑、锦龙三校EPC总承包、山东建筑大学教学实验综合楼、南京一中江北校区等系列装配式建筑项目。结合研发、设计和工程实践,形成了一些可复制、可推广的成熟经验。

秉持设计、生产、施工一体化的初衷,我们组织相关研发设计、工厂生产和施工管理的专业技术人员,以"十大装配式建筑产品技术体系"为主要内容,编制了《装配式建筑设计指南》、《装配式建筑构件生产指南》、《装配式建筑装配施工指南》。以期提供全面系统的装配式建筑发展范例,共同推进装配式建筑的大发展。

本指南是上述"十大装配式建筑产品技术体系"的第一套丛书,凸显了装配式建筑设计的重要性,主要解决两个关键问题:一是设计、生产、施工一体化的问题,装配式建筑设计必须考虑生产、施工,要从生产和施工优质高效的角度来设计,其中的关键在于标准化设计。没有标准化的设计就没有工业化生产,目前装配式建筑的标准化程度不够、规模化生产不够、自动化水平不够,故而成本高、效率低、质量不可控,需要全面提升。二是建筑、结构、机电、装修一体化的问题。装配式结构不等于装配式建筑,我国的建筑工业化道路起起落落,一直没有得到可持续的发展,其中比较重要的原因之一,是普遍注重装配式结构技术的研发应用,而与之配套的围护、机电、内装等系统的技术研发投入不足,匹配度差,导致装配式建筑不能成为一个整体,系统性、集成性不好,因此不能像真正的工业产品一样质量好、性能优、价格适宜,从而得到市场的认可。为此,本丛书提供了有针对性的系统集成解决方案。

本指南是"十三五"国家重点研发计划项目——"工业化建筑设计关键技术"(2016YFC0701500)"预制装配式混凝土结构建筑产业化关键技术"(2016YFC0701900)"装配式混凝土工业化建筑高效施工关键技术研究与示范"(2016YFC0701700)的重要研发成果。希望通过研发、创新、实践,探索出一条可推广和实施的融合工业化、绿色化和信息化共同发展的新型建造之路。

本指南源于工程、图文并茂、内容丰富、系统实用,可供广大从事装配式建筑设计、教学、科研和建造的技术与管理人员参考,相信本指南的出版将为我国装配式建筑的推广应用发挥重要作用。

目 录

第一部分 概 述

第1章 双面叠合剪力墙结构建筑的定义 ·· 3

第2章 双面叠合剪力墙结构的特点和适用范围 ··································· 4

第3章 双面叠合剪力墙结构建筑的系统构成 ······································ 5

   3.1 结构系统 ··· 6
      3.1.1 结构的组成 ·· 6
      3.1.2 结构系统高度限制条件 ·· 6
   3.2 围护系统 ··· 7
      3.2.1 外墙 ·· 7
      3.2.2 外门窗 ·· 7
      3.2.3 外装饰 ·· 8
      3.2.4 遮阳 ·· 8
      3.2.5 阳台 ·· 8
      3.2.6 屋面 ·· 9
      3.2.7 分户墙 ·· 9
   3.3 机电系统 ··· 9
      3.3.1 给水排水系统 ··· 10
      3.3.2 空调系统 ·· 10
      3.3.3 供暖系统 ·· 10
      3.3.4 电气系统 ·· 10
      3.3.5 消防系统 ·· 10
      3.3.6 燃气系统 ·· 10
   3.4 内装系统 ··· 11

第二部分 设计方法

第4章 建筑标准化设计 ·· 15
4.1 平面标准化 ·· 15
4.2 立面标准化 ·· 17
4.3 构件标准化 ·· 20
4.4 部品标准化 ·· 21
4.4.1 部品标准化设计的方法 ································ 21
4.4.2 部品标准化设计原则 ··································· 22

第三部分 设计指南

第5章 结构系统 ·· 27
5.1 结构方案设计 ·· 27
5.1.1 设计依据 ·· 27
5.1.2 结构的组成 ··· 27
5.1.3 结构布置原则 ·· 31
5.1.4 材料选取 ·· 33
5.2 结构分析、计算 ··· 33
5.3 预制构件设计 ·· 34
5.3.1 设计原则及构造要求 ································· 34
5.3.2 预制构件的阶段验算 ································· 34
5.3.3 预制双面叠合剪力墙板设计 ······················· 35
5.3.4 预应力带肋叠合板设计 ····························· 48
5.3.5 叠合梁设计 ··· 51
5.3.6 预制外挂凸窗设计 ···································· 52
5.3.7 预制带凸窗非承重外墙设计 ······················· 53
5.3.8 预制阳台设计 ·· 58
5.3.9 预制楼梯设计 ·· 59
5.4 构件成品保护 ·· 62
5.4.1 预制构件运输时成品保护 ·························· 62
5.4.2 预制构件临时堆放时成品保护 ···················· 62
5.5 结构系统策划 ·· 63

第 6 章　围护系统 ………………………………………………………… 67

第 7 章　机电系统 ………………………………………………………… 73

第 8 章　内装系统 ………………………………………………………… 77

参考文献 …………………………………………………………………… 81

第一部分

概 述

第1章

双面叠合剪力墙结构建筑的定义

双面叠合剪力墙是由工厂化生产的两片预制混凝土墙板通过桁架钢筋连接成内部带空腔的预制剪力墙板,在形成的空腔中现场浇筑混凝土形成整体受力的结构构件(图1-1)。

竖向构件采用双面叠合剪力墙的结构称为双面叠合剪力墙结构。

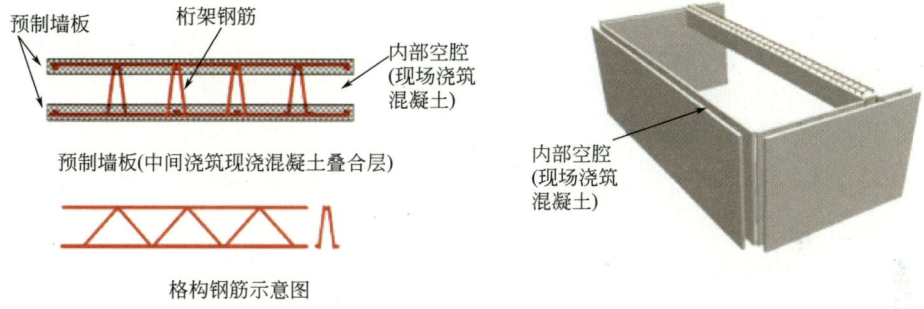

图1-1 双面叠合剪力墙示意图

第 2 章

双面叠合剪力墙结构的特点和适用范围

双面叠合剪力墙有以下特点：内部有空腔，构件质量轻；可以四面不出筋，便于标准化生产；已有成熟的机械化生产工艺；方便运输与安装；内部空腔现浇混凝土与楼板混凝土形成整体，共同受力，不存在通缝等优点。

双面叠合剪力墙结构适用于多、高层剪力墙结构的住宅，也可以应用于多、高层框架-剪力墙结构的公寓、旅店、办公楼等工业与民用建筑。

第 3 章

双面叠合剪力墙结构建筑的系统构成

双面叠合剪力墙结构建筑是一个系统集成体系,主要构成要素有四个系统(图 3-1):(1)结构系统;(2)围护系统;(3)机电系统;(4)内装系统。这四个系统各自再向下延伸为若干子系统,系统之间通过标准化设计、系统集成设计和协同设计等一体化设计方法,集成为一个完整的建筑体系。本指南主要针对采用双面叠合剪力墙结构的住宅建筑体系进行描述。

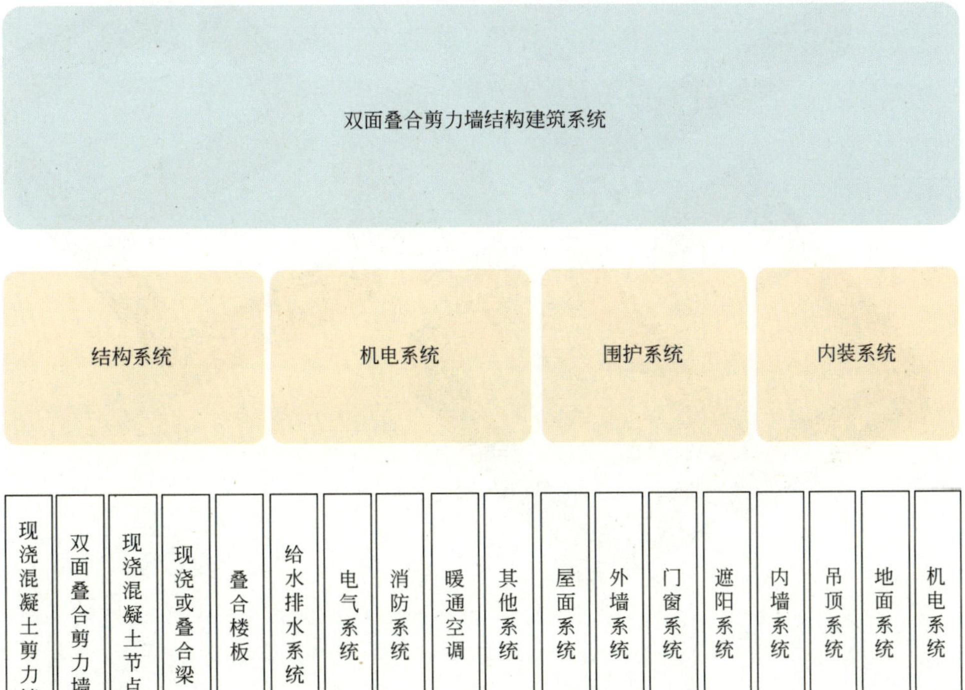

```
┌─────────────────────────────────────────────────────┐
│              双面叠合剪力墙结构建筑系统                │
└─────────────────────────────────────────────────────┘

┌──────────┐  ┌──────────┐  ┌──────────┐  ┌──────────┐
│ 结构系统 │  │ 机电系统 │  │ 围护系统 │  │ 内装系统 │
└──────────┘  └──────────┘  └──────────┘  └──────────┘

现浇混凝土剪力墙 | 双面叠合剪力墙 | 现浇混凝土节点 | 现浇或叠合梁 | 叠合楼板 | 给水排水系统 | 电气系统 | 消防系统 | 暖通空调 | 其他系统 | 屋面系统 | 外墙系统 | 门窗系统 | 遮阳系统 | 内墙系统 | 吊顶系统 | 地面系统 | 机电系统
```

图 3-1 双面叠合剪力墙结构建筑系统图

3.1 结构系统

3.1.1 结构的组成

双面叠合剪力墙结构由现浇混凝土剪力墙（多用于建筑核心筒区域或剪力墙边缘构件）、双面叠合剪力墙、现浇混凝土节点、现浇或叠合混凝土梁、现浇或预制叠合楼板等部分组成（图 3-2、图 3-3）。

双面叠合剪力墙结构可采用与现浇混凝土结构相同的方法进行结构分析。

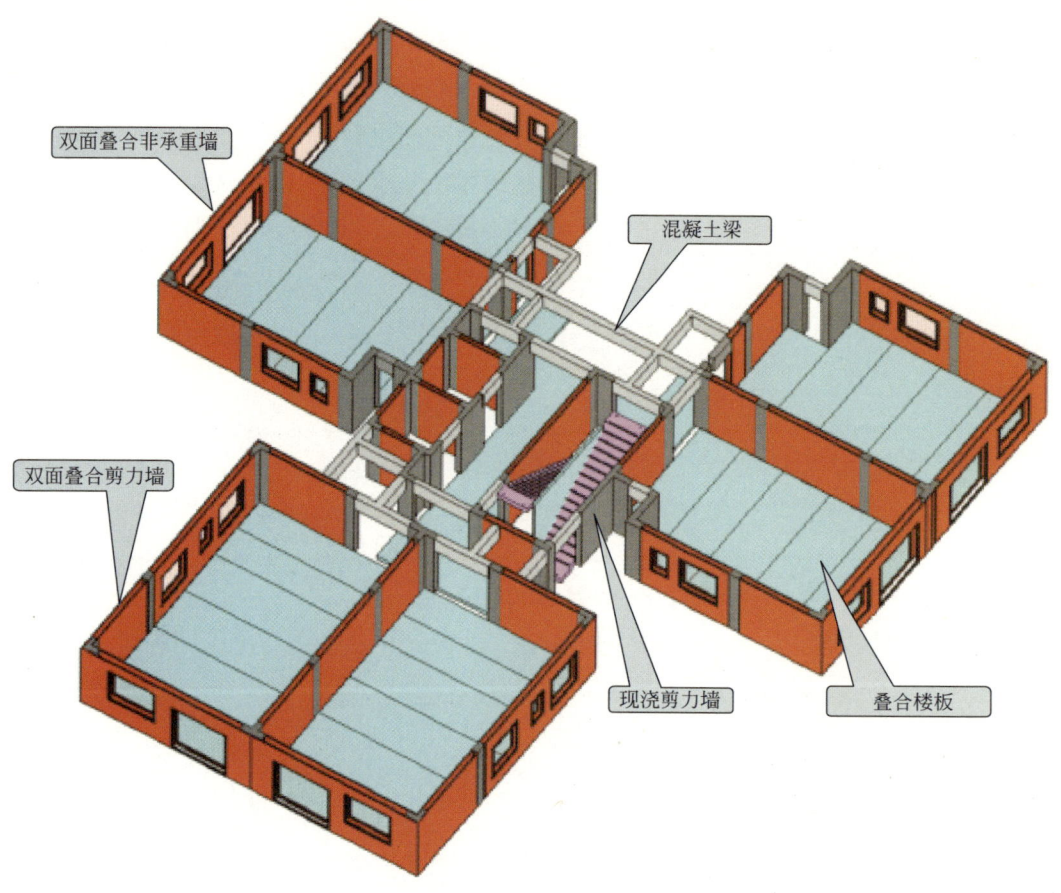

图 3-2 80m 以下双面叠合剪力墙结构体系构成

3.1.2 结构系统高度限制条件

《装配式混凝土建筑技术标准》GB/T 51231-2016 附录 A.0.1 规定，双面叠合剪力墙房屋的最大适用高度应表 3-1 符合的规定。

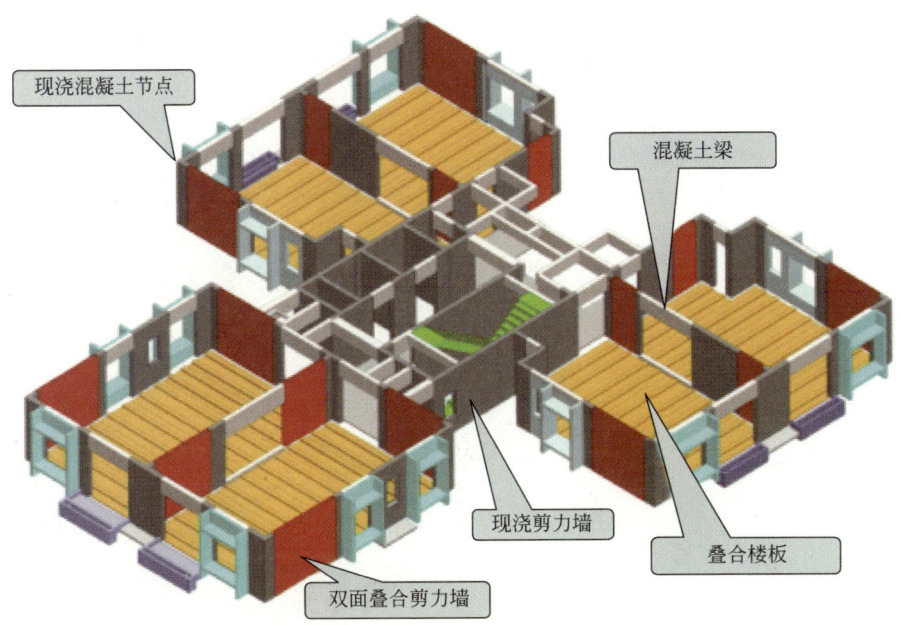

图 3-3　80～110m 双面叠合剪力墙结构体系构成

双面叠合剪力墙房屋的最大适用高度（m）　　　　表 3-1

结构类型	抗震设防烈度			
	6 度	7 度	8 度(0.20g)	8 度(0.30g)
双面叠合剪力墙结构	90	80	60	50

因此，本指南规定：在表 3-1 规定的高度限值范围内的双面叠合剪力墙结构，按照常规方式进行结构设计；超过表 3-1 规定的高度限值范围的建筑选用双面叠合剪力墙结构体系时需做超限高层建筑抗震设防专项审查。

3.2　围护系统

本建筑体系的围护系统由外墙、外门窗、遮阳、阳台、屋面、有防火、隔声要求的分户墙等子系统构成（图 3-4）。

3.2.1　外墙

外墙系统适合选用承重保温装饰一体的外墙，在夏热冬暖地区宜采用 200 厚装配式剪力墙加内保温，在夏热冬冷地区和寒冷地区宜采用装配式保温夹心外墙。

3.2.2　外门窗

外门窗系统应根据项目所在地的气候及地域特点及建筑性能要求进行设计选型，

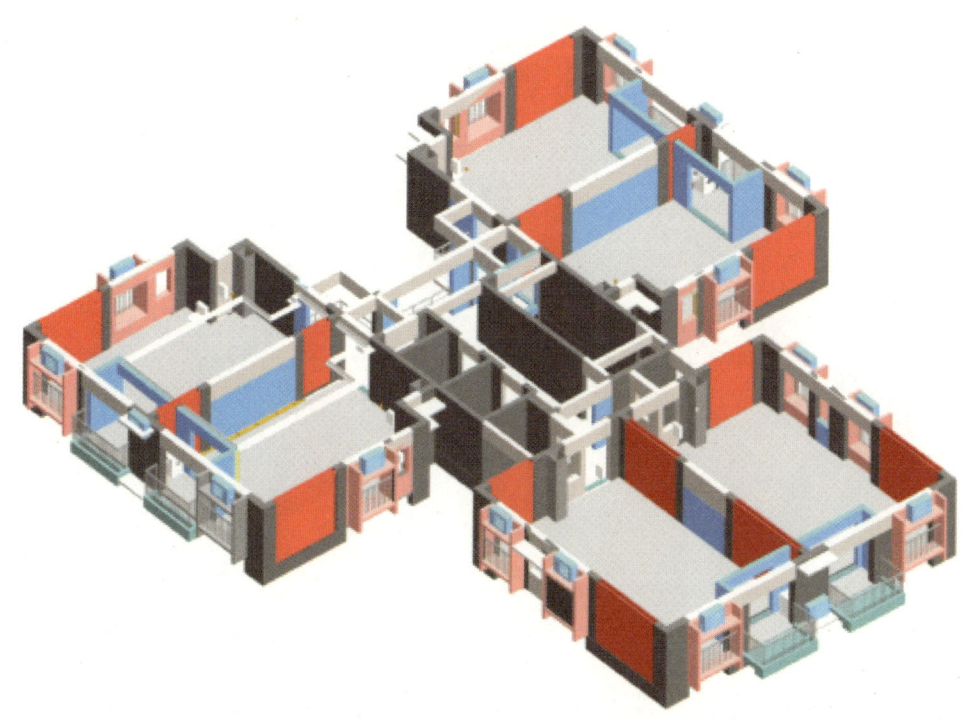

图 3-4　围护系统构成示意图

本指南装配式剪力墙结构建筑体系，提供了适合严寒地区、寒冷地区、夏热冬冷地区和夏热冬暖地区的四大类外门窗系统，包括铝合金、铝塑共挤门窗、铝包木等门窗材质选型。

3.2.3　外装饰

外装饰系统是围护系统的重要组成，是建筑师进行立面多样化设计的主要着力点，外装饰设计应结合外墙系统的设计，结合其材料、构造、功能、性能等统筹安排，以期达成建筑师预设的创作及建筑表达。本系统主要表现为混凝土预制外墙外饰面设计、ALC加气混凝土条板外饰面设计、ALC复合发泡陶瓷板外饰面设计、金属幕墙外饰面设计、木塑幕墙外饰面设计五种不同的立面组合形式。

3.2.4　遮阳

遮阳设计是降低建筑能耗，提高建筑舒适度、丰富建筑立面形式的重要途径，遮阳的做法和形式很多，本指南提供水平遮阳、垂直遮阳、组合遮阳和可调节遮阳四大类型。

3.2.5　阳台

阳台是房间与外部环境之间的过渡空间。通常情况下，宜结合阳台处理一些管道、设备等。阳台上的栏杆等是建筑重要的安全防护措施,设计时应在确保安全使用的前提下,结合建筑形式要求,采用工厂化生产的部品部件,现场装配式安装(这里的装配式安装概念是指,采用免焊接、免后装膨胀螺栓、免砌筑、免现浇等工艺工法,在预制构件中预留安装接口并做好栏杆部品与构件预留接口的协同,实现现场干法施工装配)。

3.2.6 屋面

屋面防水工程一般包括屋面卷材防水,屋面涂膜防水,屋面刚性防水,瓦屋面防水,屋面接缝密封防水。其施工的环境气温条件要求与所使用的防水材料及施工方法相适应。

3.2.7 分户墙

分户墙是指房间与公共部分之间或不同权属的房间,需要满足一定的防火、隔声、防盗、保温、隔热、防水等功能,推荐采用ALC加气混凝土条板隔墙、陶粒空心条板隔墙。

3.3 机电系统

本建筑体系的机电系统由给水排水系统、空调系统、供暖系统、电气系统、消防系统、燃气系统等子系统构成(图3-5)。

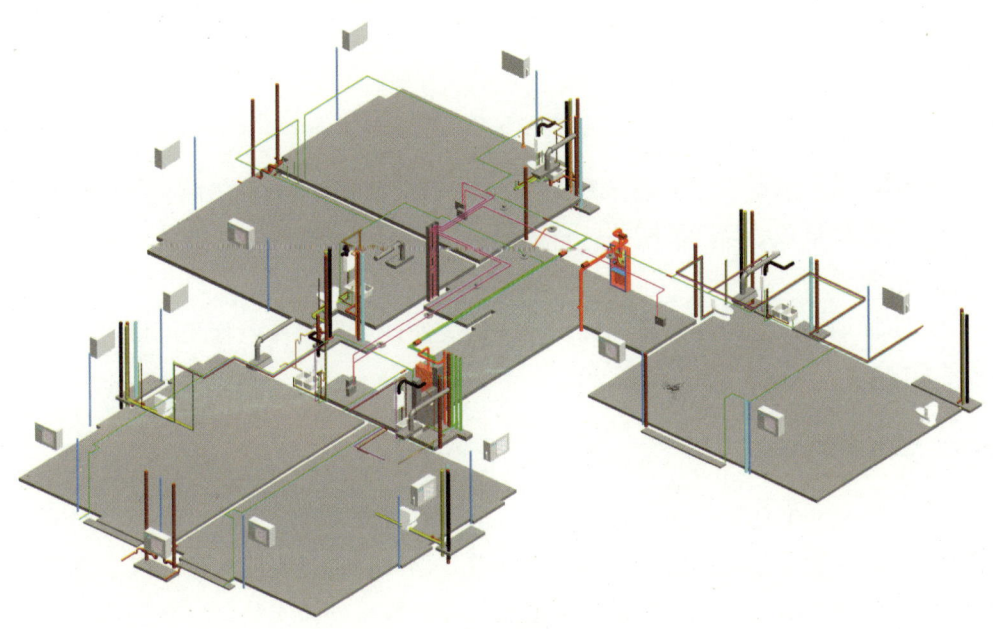

图3-5 机电系统构成示意图

3.3.1 给水排水系统

住宅建筑的给水排水系统包含生活给水、消防给水、生活污废水、雨水、冷凝水排水、中水和雨水回收利用系统等。立管布置应尽量避免穿越楼板,宜采用同层排水系统。本指南提供了不同系统的管线布置方案,具体内容可参见本指南相关章节。

3.3.2 空调系统

住宅建筑的空调系统形式以分体空调为主,室外机的放置与建筑立面相结合。宜采用室外机的空调机位与阳台或凸窗相结合的解决方案,具体内容可参见本指南相关章节。

3.3.3 供暖系统

供暖系统应根据项目所在地的地域特点及气候条件进行系统确定,该指南提供了适合严寒地区、寒冷地区、夏热冬冷地区的供暖系统,宜采用与架空地板一体化的地板辐射采暖系统并尽量采用与结构分离的布线设计。

3.3.4 电气系统

住宅建筑的电气系统包含强电系统,弱电系统,防雷接地系统。在住宅电气设计中,公区的电气管线集中敷设于竖向井道内,套内的电气管线应避免敷设于预制构件中,防雷接地设计应根据装配式的结构形式做出相应修改等,具体内容可参见本指南相关章节。

3.3.5 消防系统

(1)消防给水系统:消防管线尽量布置在建筑凹槽,与结构本体分离。为了美观,消火栓在建筑核心筒区域暗装,户内喷头采用家用侧喷喷头,支管安装在局部吊顶内或墙边敷设。

(2)防排烟系统:防排烟系统宜采用工厂生产的成品内衬风管及风口,并进行模块化装配安装。

3.3.6 燃气系统

燃气系统是住宅建筑中必要组成部分。燃气管道宜在厨房配套生活阳台安装,并考虑与燃气管的连接,做好厨房家具、排烟道、燃气管、燃气热水器的机电设备及管网设计。当没有生活阳台时,宜将燃气管道结合窗垛靠外窗安装。燃气热水器与灶台进行一体化设计。

3.4 内装系统

本建筑体系的内装系统,除地板系统以外,全部采用装配式装修,装配式装修是将工厂生产的部品部件在现场进行组合安装的装修方式,主要包括隔墙系统、吊顶系统、地面系统、机电管线与装修一体化等。对于不同空间,不同系统具有不同的设计方法及技术做法(图 3-6)。

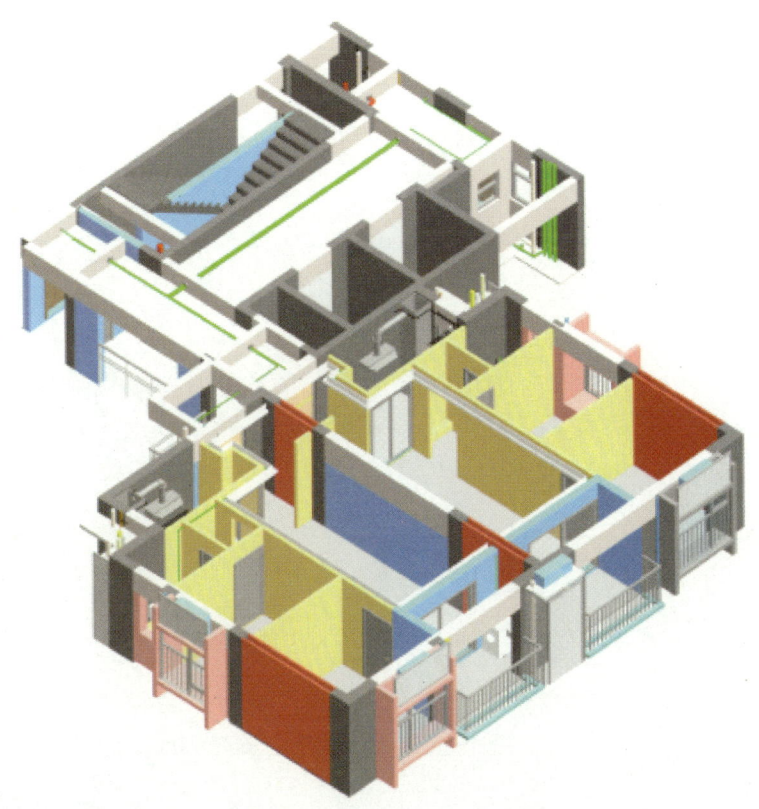

图 3-6 内装系统构成示意图

第二部分

设计方法

第4章

建筑标准化设计

装配式建筑标准化设计的基本原则就是要坚持"建筑、结构、机电、内装"一体化和"设计、加工、装配"一体化，即从模数统一、模块协同，少规格、多组合，各专业一体化考虑。要实现平面标准化、立面标准化、构件标准化和部品标准化。

4.1 平面标准化

装配式混凝土剪力墙结构住宅的规划设计优先采用标准模块平面进行规划组合。具体方法如下：

1. 以套型为标准模块，适应不同规划设计需求。
2. 通过建筑结构专业协同配合，应做到模块内部空间无墙无柱（困难情况下应努力做到少墙少柱）。确保套型模块可变性、多样性，能够满足住宅全生命周期空间灵活划分的需求（图4-1）。

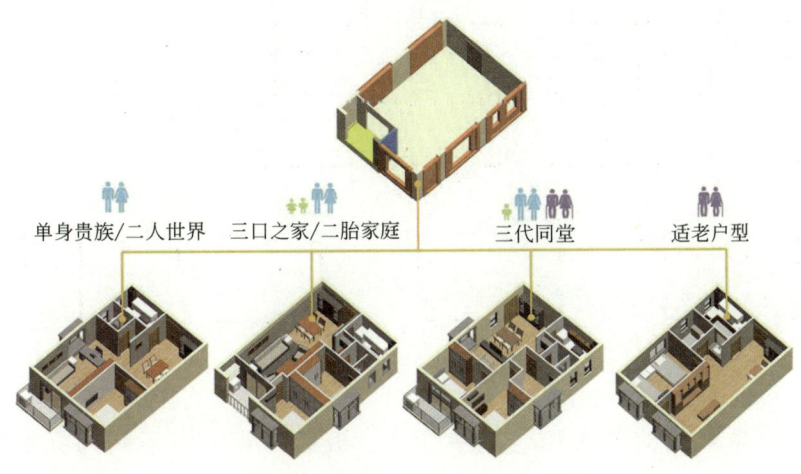

图4-1 模块空间的可变性（一）

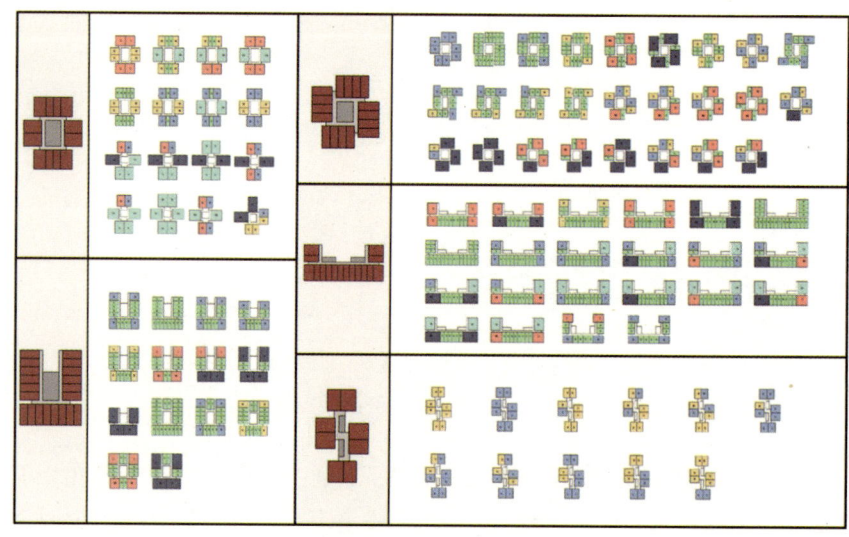

图 4-1　模块空间的可变性（二）

3.通过建筑与结构专业间的协同配合，可以在一定设计规则下，标准模块能进行变化，以满足户型标准化模块的不同功能需求（图 4-2）。

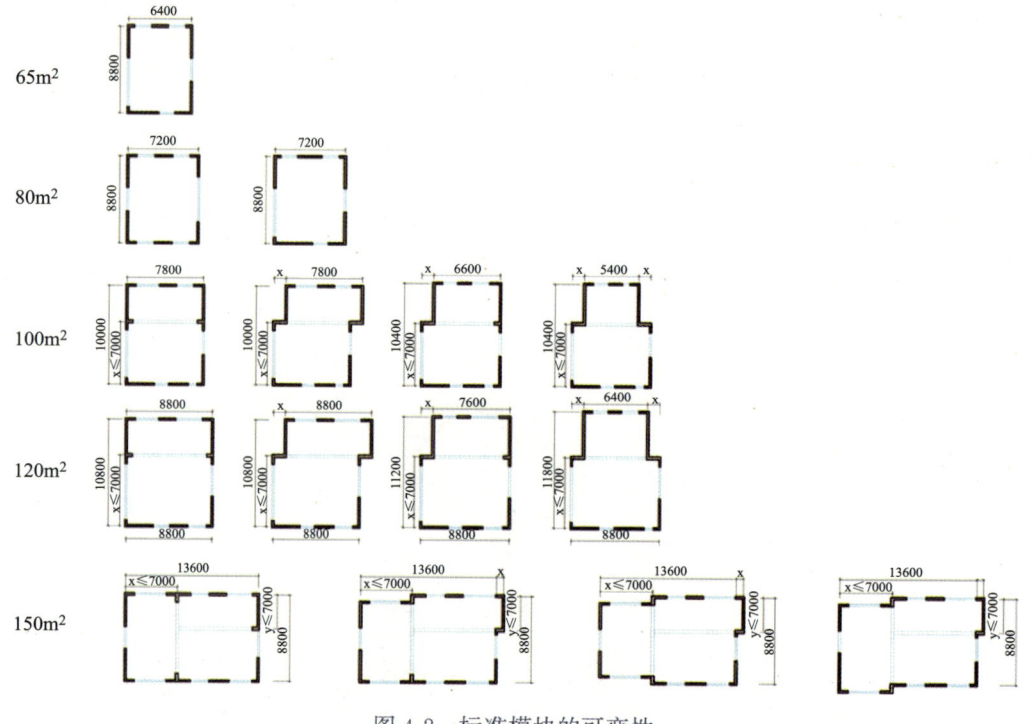

图 4-2　标准模块的可变性

4.可以用系列化的模块组合成单元式、板式、塔式等不同的标准楼栋平面（图 4-3）。

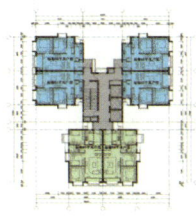 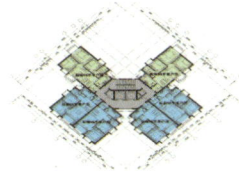 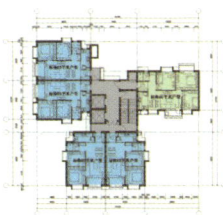 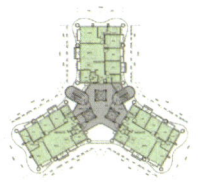

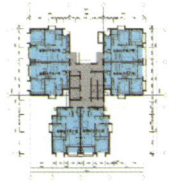 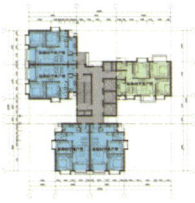 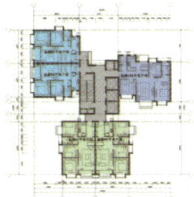

图 4-3　模块组合的多样性

4.2　立面标准化

装配式建筑立面标准化的关键在于如何实现标准化与多样化的统一。装配式建筑应结合平面组合特点，灵活组合外墙部品，结合饰面材料、肌理、色彩的变化，形成丰富的立面效果。

标准化的平面往往限定了几何尺寸不变的户型和结构体系，相应也固化了外墙的几何尺寸，但其色彩、光影、质感、纹理搭配、组合是丰富多彩的，能够产生多样化的立面形式（图 4-4～图 4-8）。

图 4-4　立面多样化示意图一

图 4-5 立面多样化示意图二

图 4-6 立面多样化示意图三

图 4-7　立面多样化示意图四

图 4-8　立面多样化示意图五

涂料饰面宜现场涂刷，可避免构件颜色与现浇部分颜色色差问题。结合立面造型需求进行设计，宜采用真石漆效果更好（图4-9）。

图4-9 涂料饰面效果示意图

4.3 构件标准化

装配式建筑是将工厂生产的预制构件和部品部件在工地装配而成的建筑，必然要求构件和部品实现标准化。而高重复率的预制构件是构件标准化的关键。也是装配式建筑必须遵循的原则。在构件设计中，应当不断地建立与充实标准化的构件库，使之不仅满足一个项目的使用，也为日后新的项目的应用积累资源，当构件库的不断丰富达到像机械设计引用标准化的零件一样，通过标准件通用化达到工业化装配的目标（图 4-10、图 4-11）。

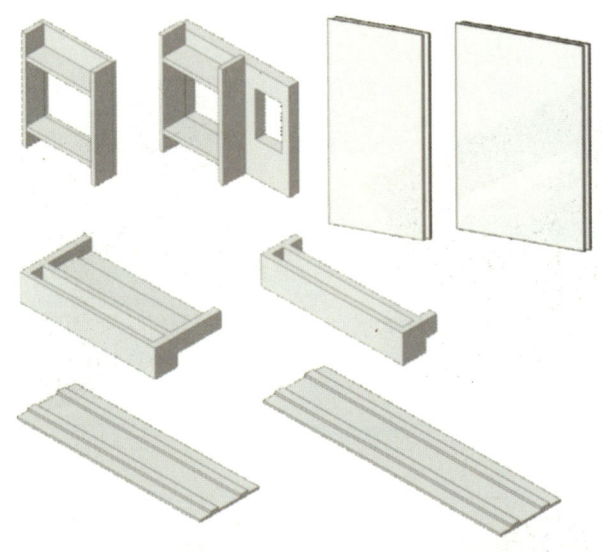

图 4-10　预制构件库

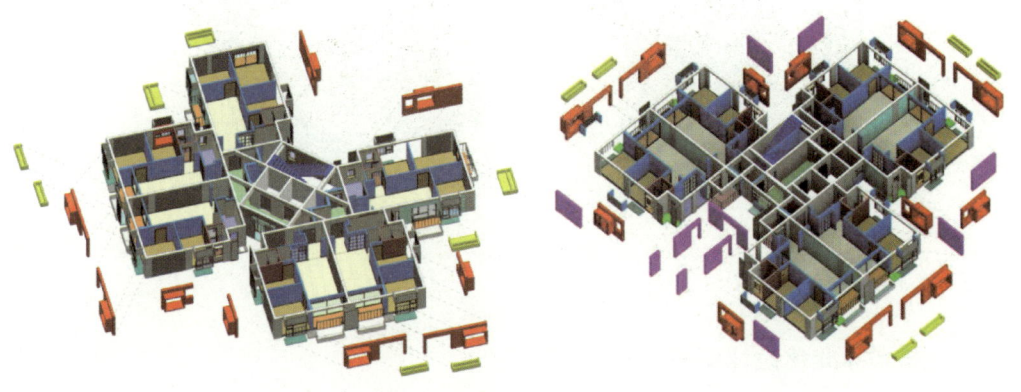

图 4-11　标准构件组合示意

4.4　部品标准化

4.4.1　部品标准化设计的方法

在标准模块中划分"小模块"并实现模块的标准化：

基于标准户型模块，在净尺寸控制的室内空间模数网格中，选择适合的功能模块为"小模块"（住宅建筑比较适合选取厨房、卫生间模块）。对其进行模数化、标准化、精细化的设计。以比例控制、模数协调的方法进行标准化模块设计。例如厨房模块，厨房模块主要为一字形、L形和U形，集合烹饪、备餐、洗涤、存储等厨房功能，通过模数协调及模块组合。满足多种户型的需求。实现厨房部品的标准化设计（图4-12）。

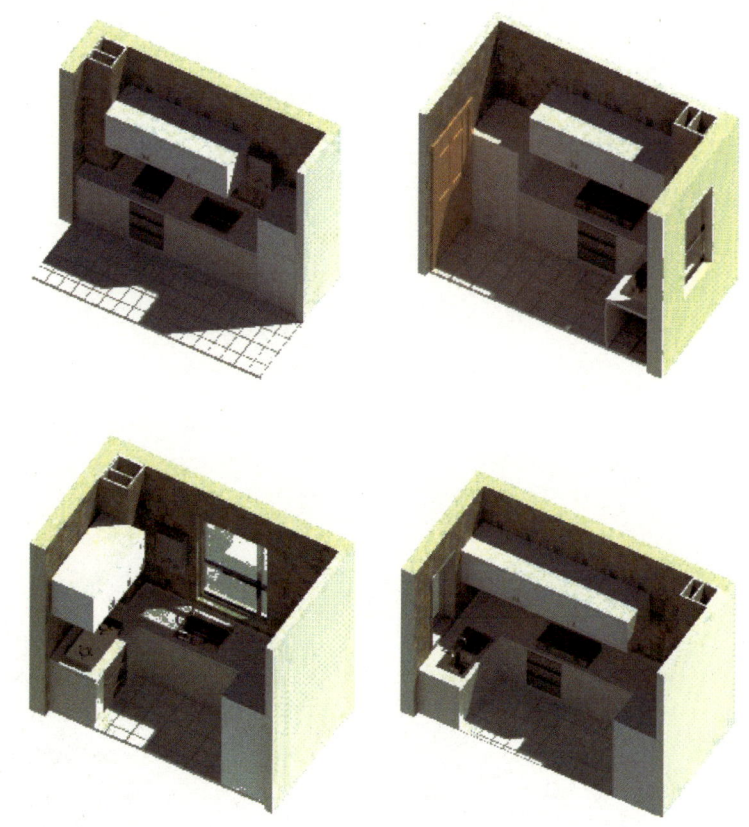

图 4-12　厨房模块

4.4.2　部品标准化设计原则

1."小模块"的划分以部品部件应用多、功能单一为原则

部品部件应以功能需求为基础，协调部品模数和建筑模数，进行标准化功能模块的集成化设计。以比例控制、模数协调的方法建立系列功能单元模块（厨房、卫生间）的标准化模块设计技术。对功能模块划分，要坚持功能性，并选取应用多的部分。

2."小模块"应以部品模数为基本单位，采用界面定位法确定装修后的净尺寸

标准化的部品需要按照一定的模数和模数协调规则，安装在具有一定功能的空间中，因此需要提供一个与部品模数协调的模数空间。以厨卫空间为例，需要确定一定的模数数列，考虑功能需求、人体工学和部品安装要求，以空间的净尺寸为控制手

段，采用界面定位法，确定部品安装空间，并以此为依据进行产品设计。

用装修后完成的净尺寸的要求，是为了确定各个部件的有效净空间，来合理规划空间使用，满足日常的使用要求，更好地进行日常活动并保证建筑全生命期的灵活可变。

3.通过"模数中断区"实现部品、小模块、大模块及整体的尺寸协调

由于主体结构和一些建筑墙体是采用轴线定位法，墙厚和面层做法也各不相同，因此，在界面定位的内装修界面和轴线定位的结构界面必然存在很多非模数空间；此外，采用界面定位的模块之间也会因为各种不同情况，存在非模数空间，我们要正视其存在，采取措施解决其协调问题。

"模数中断区"就是对此类非模数空间采取的协调手段，通过中断，让该模数化的空间实现了模数化，其他普通空间作为"模数中断区"，实现过渡。同时模块化部品可以解决部品之间的衔接问题。每个模块都有接口，模块接口应标准化。设计模块时接口越多，模块组合的方式就越多，但是给自身的条件限制也就越大，也不利于部品的衔接。设置"模数中断区"能更好地满足各个部品之间的尺寸协调。

第三部分

设计指南

第 5 章

结构系统

5.1 结构方案设计

5.1.1 设计依据

1.双面叠合剪力墙结构结构体系在设计、计算分析过程中,主要执行以下现行国家标准和规范(包括但不限于):

(1)《建筑结构可靠度设计统一标准》GB 50068-2018
(2)《建筑工程抗震设防分类标准》GB 50223-2008
(3)《建筑结构荷载规范》GB 50009-2012
(4)《混凝土结构设计规范》GB 50010-2010
(5)《建筑抗震设计规范》GB 50011-2010
(6)《高层建筑混凝土结构技术规程》JGJ 3-2010
(7)《装配式混凝土建筑技术标准》GB/T 51231-2016
(8)《装配式混凝土结构技术规程》JGJ 1-2014

2.荷载取值

荷载取值可按国家标准《建筑结构荷载规范》GB 50009-2012 进行取值。

5.1.2 结构的组成

双面叠合剪力墙结构体系中由双面叠合剪力墙、预制叠合梁、预制叠合楼板、预制外挂凸窗、预制带凸窗非承重墙、预制楼梯、预制阳台、轻质条板等预制构件,以及现浇剪力墙、现浇混凝土节点、现浇楼板等现浇部分共同组成(图 5-1)。

1.现浇混凝土剪力墙:双面叠合剪力墙结构体系的地下室范围及塔楼核心筒区域宜采用现浇剪力墙。

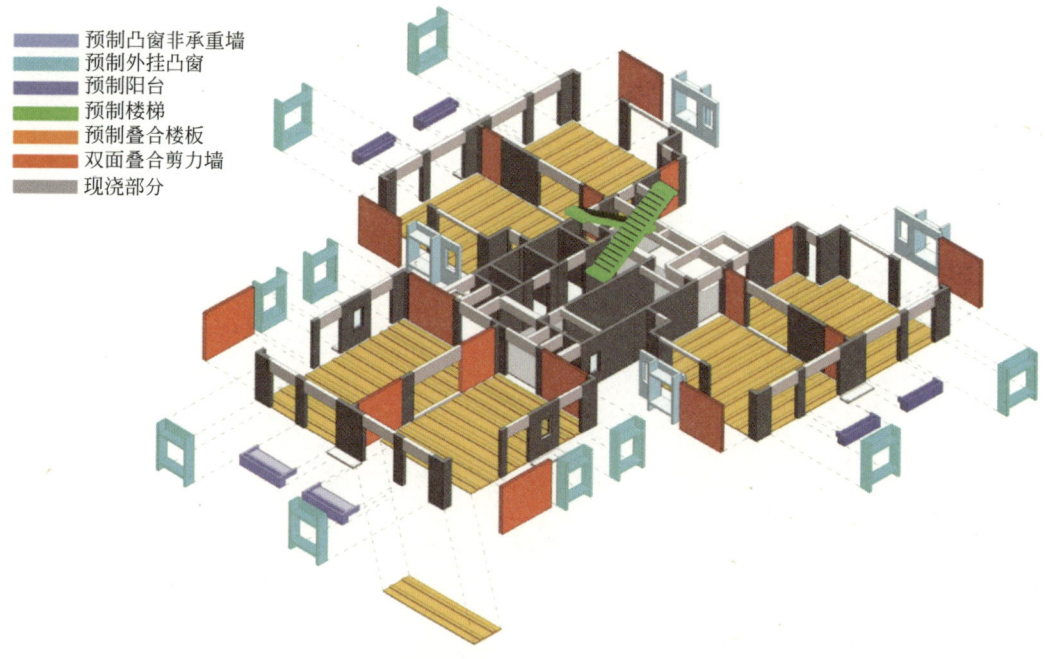

图 5-1 双面叠合剪力墙结构体系构件组合图

2.双面叠合剪力墙：双面叠合剪力墙板宜布置地上塔楼非底部加强区楼层的非核心筒范围，并且应实现模数化、标准化设计（图 5-2）。

图 5-2 双面叠合剪力墙板三维示意图

3. 现浇混凝土节点：相邻两片双面叠合剪力墙板应通过现浇的混凝土节点相连，并应有符合要求的钢筋拉结。

4. 预制叠合梁：装配整体式剪力墙结构中，部分有条件预制的梁可采用叠合梁方式（图 5-3）。

图 5-3　叠合框架梁示意图

5. 预制叠合楼板：核心筒以外区域可以根据建筑功能与结构布置情况选用叠合楼板。

预制预应力带肋底板混凝土叠合楼板（以下简称"预应力带肋叠合板"）（图 5-4），是采用预应力带肋底板再浇筑混凝土现浇层形成的装配整体式楼板，适用于非抗震和抗震设防烈度为 6～8 度的地区。预应力带肋叠合板与钢筋桁架叠合板相比，具有以下优点：

（1）由于底板布置预应力，具有整体性、抗裂性好，刚度大，承载力高等优点；

（2）由于设置了板肋，不易折断且更宜控制反拱值；

（3）由于楼板抗裂性能好，施工阶段不需或只需少量支撑、可有效节省模板和支

图 5-4　预制预应力带肋底板混凝土叠合楼板

撑，施工简便、经济、快捷；

（4）预应力带肋叠合板更薄（30～50mm）、配筋更少，比普通现浇楼板施工工期短，可降低楼板造价，经济性好。

6.预制楼梯：预制楼梯采用混凝土板式楼梯，其具有使用效果好，生产简单，安装方便等特点（图5-5）。

图5-5　预制楼梯

7.预制阳台：预制阳台根据结构布置情况，可采用梁式和板式全预制或叠合阳台。水、电专业相关预留洞及预埋管线均在设计阶段按精细化图纸进行设计，保证预埋电管布线的合理性及施工质量，阳台栏杆安装位置预留埋件（图5-6）。

图5-6　预制阳台板

5.1.3 结构布置原则

1. 双面叠合剪力墙结构的整体布置应符合下列规定：

（1）宜沿两个主轴方向或其他方向双向布置，两个方向的侧向刚度不宜相差过大。抗震设计时，不应采用仅单向有墙的结构布置。

（2）宜自下到上连续布置，避免刚度突变。

（3）门窗洞口宜上下对齐、成列布置，形成明确的墙肢和连梁；宜避免造成墙肢宽度相差悬殊的洞口布置；抗震设计时，一、二、三级剪力墙的底部加强部位应避免产生错洞墙。

（4）剪力墙墙段长度不宜大于8m，各墙段的高度与长度之比不宜小于3。

注：对于单向少墙体系，应将少墙方向的墙肢按照剪力墙与框架-剪力墙结构中的框架进行包络设计，整体分析时应考虑双向地震作用，并验算剪力墙的平面外承载力。

2. 双面叠合剪力墙结构的竖向布置应符合下列规定：

（1）当设置地下室时，地下室宜采用现浇混凝土；

（2）底部加强部位的剪力墙宜采用现浇混凝土剪力墙。双面叠合剪力墙结构底部加强部位的高度可取结构总高度的1/10和底部两层的较大值。

3. 双面叠合剪力墙结构水平布置应符合下列规定：

结构平面布置应减少扭转的影响。在考虑偶然偏心影响的规定水平地震力作用下，楼层竖向构件最大的水平位移和层间位移，不宜大于该楼层平均值的1.2倍，不应大于该楼层平均值的1.4倍。结构扭转为主的第一自振周期T_t与平动为主的第一自振周期T_1之比，不应大于0.85。

4. 双面叠合剪力墙板应通过整体现浇节点连接。结构布置中，预制双面叠合剪力墙板的水平、竖向接缝的连接节点设计是重点，由于此类预制剪力墙参与抗震验算，连接节点的性能是保证装配式结构性能的关键。

5. 以一个双面叠合剪力墙结构住宅为例，分析结构布置方式（图5-7）。

（1）平面布置

双面叠合剪力墙结构住宅核心筒范围采用现浇剪力墙及现浇梁板，非核心筒范围内的承重墙采用双面叠合剪力墙，双面叠合剪力墙的边缘构件全部采用现浇混凝土边缘构件。图中双面叠合剪力墙编号为SPQ1～SPQ5。

本项目在外围由于建筑户型开窗限制，形成双向少墙结构体系，为此采取的措施是：

1）项目整体计算时，考虑双向地震作用。

2）单向少墙方向的剪力墙按照剪力墙与框架-剪力墙结构的框架进行包络设计，并且加大墙的厚度。

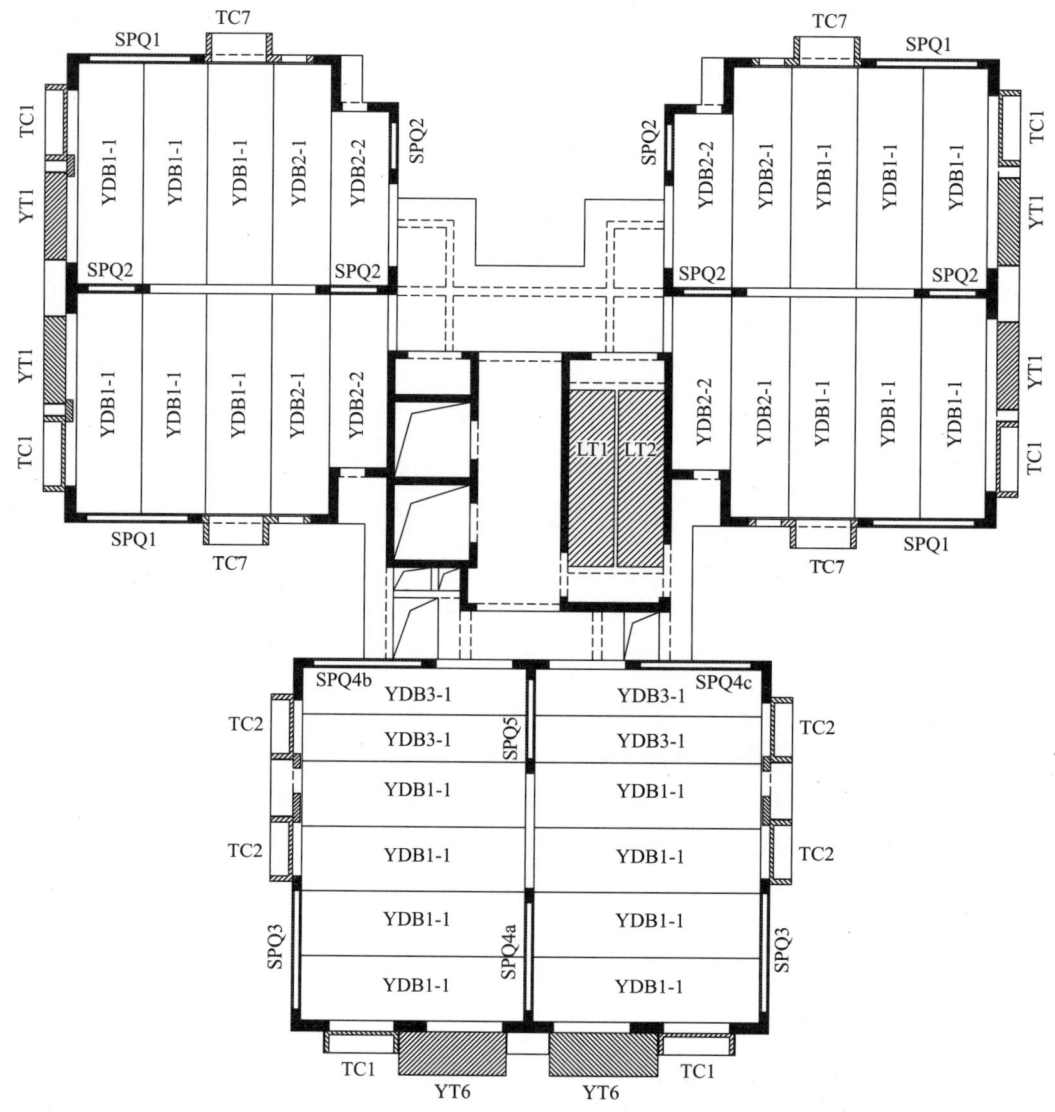

图 5-7 双面叠合剪力墙结构住宅结构布置

3）典型双面叠合剪力墙 SPQ1~SPQ5 考虑一字形墙肢净截面的平面外承载力，即一字形墙肢的边缘构件及双面叠合剪力墙空腔内部的现浇部分组成的哑铃型墙肢的平面外承载力。

预制凸窗应综合考虑形状与重量合理选择预制外挂凸窗或内嵌式凸窗。

预应力带肋叠合板应采用侧面不出筋的方式密拼布置，楼板布置应遵循标准化设计原则，尽量均匀、对称布置，且尽可能在满足结构受力的情况下，减少预制构件的种类。

（2）竖向布置

本栋住宅包括 2 层地下室与 36 层地上结构，预制构件的竖向布置方式如下：

地下室结构全部采用现浇混凝土构件；

底部加强区（地上 1~3 层）的剪力墙全部采用现浇剪力墙，楼板采用现浇楼板。

底部加强区以上楼层（地上 4~36 层），核心筒范围的剪力墙及楼板均采用现浇混凝土构件；核心筒外的户型内区域的剪力墙边缘构件采用现浇方式，墙身采用双面叠合剪力墙。屋顶层采用现浇混凝土楼板，其余楼层采用叠合楼板。

5.1.4 材料选取

双面叠合剪力墙结构中的材料应满足以下要求：

1. 混凝土

竖向受力构件及水平受力构件的混凝土强度等级不应低于 C30，预应力混凝土构件的混凝土强度等级不应低于 C40。

2. 钢筋

钢筋混凝土结构构件的主要受力钢筋一般选用普通热轧带肋 HRB400 钢筋。

预应力混凝土结构构件的主要受力钢筋采用消除应力钢丝，分布钢筋采用普通热轧带肋 HRB400 钢筋。预应力钢丝性能应满足《预应力混凝土用钢丝》GB/T 5223—2014 的有关要求。

5.2 结构分析、计算

1. 在各种设计状况下，装配整体式混凝土结构可采用与现浇混凝土结构相同的方法进行结构分析。当同一层内既有预制剪力墙又有现浇剪力墙等抗侧力构件时，现浇抗侧力构件在地震作用下的弯矩和剪力宜适当放大。

2. 双面叠合剪力墙的截面设计尚应符合现行行业标准《高层建筑混凝土结构技术规程》JGJ 3 的有关规定。双面叠合剪力墙结构整体计算时，可按照全截面厚度 b_w 进行结构的整体模型计算。

3. 双面叠合剪力墙结构承载能力极限状态及正常使用极限状态的作用效应分析可采用弹性方法。高层双面叠合剪力墙结构楼层层间最大水平位移与层高之比，按照弹性方法计算的风荷载或多遇地震标准值作用下不应大于 1/1000，罕遇地震作用下不应大于 1/120。

4. 预应力带肋叠合板密拼布置时，应按下列方式计算：在计算平行于预制叠合板板跨方向的楼板抗拉和抗弯计算时，楼板考虑全截面受力，即板厚取叠合板厚度与现浇层厚度之和，仅考虑叠合板单向受力情况；在计算垂直于预制板板跨方向的楼板抗拉、抗弯和抗剪计算时，仅考虑叠合板现浇层传力，板厚取现浇层厚度，按照双向板计算（图 5-8）。

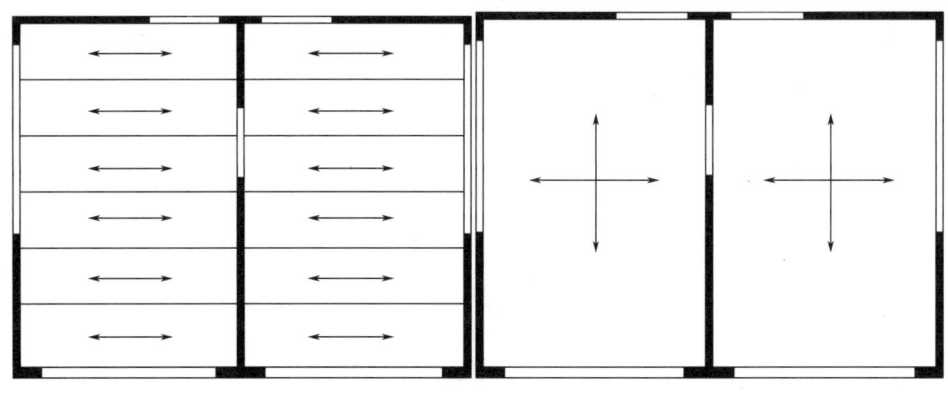

(a) 平行于预制板跨方向(叠合板)　　　　(b) 垂直于预制板跨方向(现浇层)

图 5-8　楼板受力示意图

5.3　预制构件设计

5.3.1　设计原则及构造要求

1.双面叠合剪力墙结构中各类预制构件及连接构造应按下列原则进行设计：

（1）应在结构方案和传力途径中确定预制构件的布置及连接方式，并在此基础上进行整体结构分析和构件及连接设计；

（2）预制构件的设计应符合标准化的要求；

（3）预制构件的连接宜设置在结构受力较小且便于施工处；结构构件之间的连接构造应满足结构传递内力的要求；

（4）预制构件内部配筋布置应充分考虑预留预埋的设置，灵活采用局部避让和加强措施。

2.当预制构件中钢筋的混凝土保护层厚度大于 50mm 时，宜对钢筋的混凝土保护层采取有效的构造措施。

3.预制构件中外露预埋件凹入构件表面的深度不宜小于 10mm。

4.用于固定连接件的预埋件与预埋吊件、临时支撑用预埋件不宜兼用；当兼用时，应同时满足各种设计工况要求。预制构件中预埋件的验算应符合现行国家标准《混凝土结构设计规范》GB 50010、《钢结构设计规范》GB 50017 和《混凝土结构工程施工规范》GB 50666 等有关规定。

5.3.2　预制构件的阶段验算

预制构件设计时，在不同阶段应进行相应的预制构件设计验算：

1.预制构件设计时，对持久设计状况，应对预制构件进行承载力、变形、裂缝控制验算；对地震设计状况，应对预制构件进行承载力验算。

2.预制构件在翻转、运输、吊运、安装等短暂设计状况下的施工验算，应将构件自重标准值乘以动力系数后作为等效静力荷载标准值。构件运输、吊运时，动力系数宜取1.5；构件翻转及安装过程中就位、临时固定时，动力系数可取1.2。

3.预制构件进行脱模验算时，等效静力荷载标准值应取构件自重标准值乘以动力系数后与脱模吸附力之和，且不宜小于构件自重标准值的1.5倍。动力系数与脱模吸附力应符合下列规定：

（1）动力系数不宜小于1.2；

（2）脱模吸附力应根据构件和模具的实际状况取用，且不宜小于$1.5kN/m^2$。

4.进行叠合楼板后浇混凝土施工阶段验算时，叠合楼板的施工活荷载取值应考虑实际施工情况，且不宜小于$1.5kN/m^2$。

5.3.3 预制双面叠合剪力墙板设计

1.双面叠合剪力墙的墙肢厚度不宜小于250mm，不应小于200mm，且单叶预制板厚度不宜小于50mm，双面叠合剪力墙内、外叶预制墙板之间的现浇部分厚度不宜小于150mm，不应小于100mm。预制墙板内、外叶内表面应设置粗糙面，粗糙面凹凸深度不小于4mm（图5-9）。

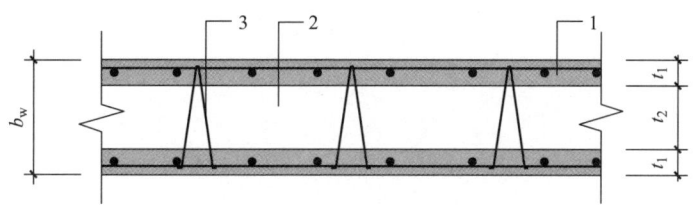

图5-9 双面叠合剪力墙构造

1—预制部分；2—现浇部分；3—钢筋桁架

t_1—预制板厚度；t_2—现浇部分厚度；b_w—剪力墙计算厚度

2.双面叠合剪力墙两端应设置边缘构件，其中一、二、三级双面叠合剪力墙，应在底部加强部位及相邻上一层设置约束边缘构件，其余部位设置构造边缘构件。边缘构件的设计应符合现行行业标准《高层建筑混凝土结构技术规程》JGJ 3的有关规定。

3.双面叠合剪力墙竖向和水平分布钢筋的配筋率，一、二、三级时均不应小于0.25%，四级和非抗震设计时均不应小于0.20%。

4.双面叠合剪力墙竖向和水平分布钢筋的间距均不宜大于300mm，直径不应小于8mm。双面叠合剪力墙的竖向和水平分布钢筋的直径不宜大于双面叠合剪力墙截面宽度的1/10。

5.双面叠合剪力墙中钢筋桁架应满足运输、吊装和现浇混凝土施工的要求，并应符合下列规定：

(1) 钢筋桁架宜竖向设置，每一片预制叠合剪力墙墙肢不应少于2榀；

(2) 钢筋桁架中心间距不宜大于400mm，且不宜大于竖向分布筋间距的2倍；钢筋桁架距叠合剪力墙预制板边的水平距离不宜大于150mm（图5-10）；

(3) 钢筋桁架的上弦钢筋直径不宜小于10mm，下弦钢筋及腹杆钢筋直径不宜小于6mm（图5-11）；

(4) 钢筋桁架应与两层分布筋网片可靠连接，连接方式可采用焊接。

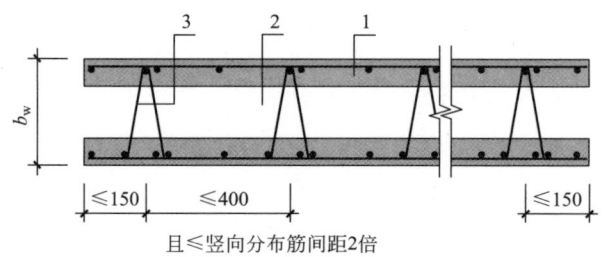

图5-10 双面叠合剪力墙中钢筋桁架的预制布置要求

1—预制部分；2—现浇部分；3—钢筋桁架；b_w—剪力墙计算厚度

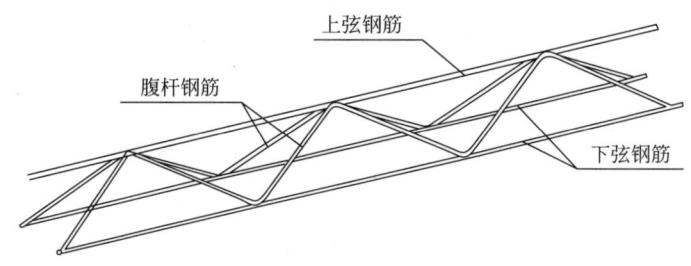

图5-11 钢筋桁架三维示意图

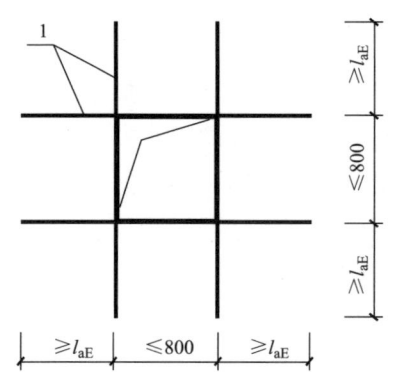

图5-12 预制剪力墙洞口补强钢筋配置示意

1—洞口补强钢筋

6. 预制双面叠合剪力墙应采用一字形，不宜开设洞口。开设小洞口时，应参照《高层建筑混凝土结构技术规程》JGJ 3—2010相关要求。预制剪力墙开有边长小于800mm的洞口且在结构整体计算中不考虑其影响时，应沿洞口周边配置补强钢筋，补强钢筋的直径不应小于12mm，截面面积不应小于同方向被洞口截断的钢筋面积，该钢筋自孔洞边角算起伸入墙内的长度，非抗震设计时不应小于l_a，抗震设计时不应小于l_{aE}（图5-12）。

7. 双面叠合剪力墙内墙配筋详图如下：

双面叠合剪力墙做内墙时，墙两侧都有楼板，因此外叶板与内叶板高度相同（图5-13）。

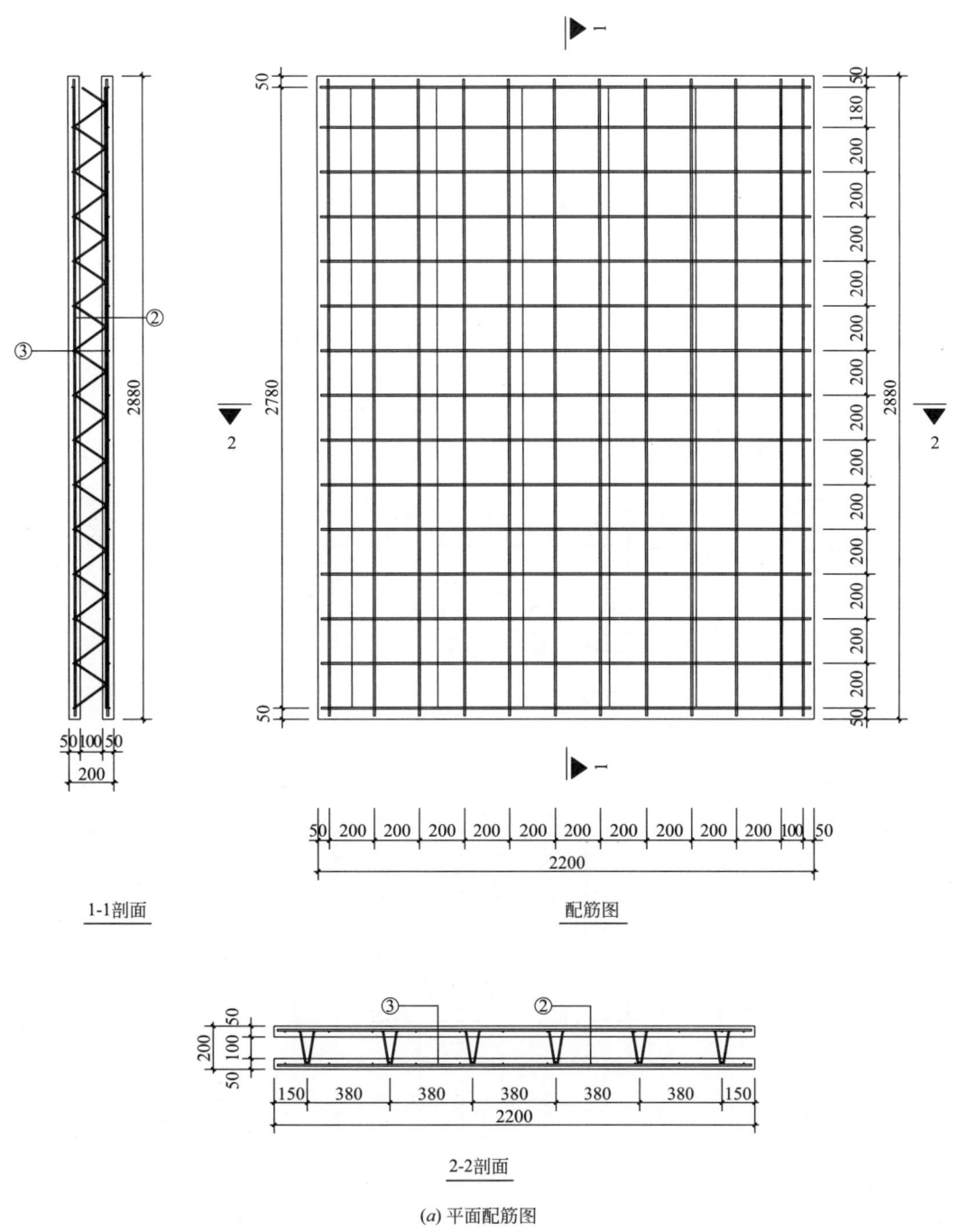

(a) 平面配筋图

图5-13 双面叠合剪力墙内墙配筋详图（一）

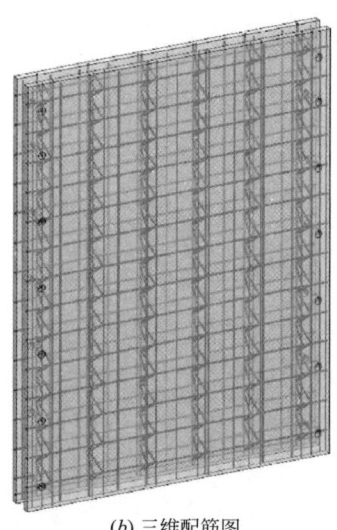

(b) 三维配筋图

图 5-13 双面叠合剪力墙内墙配筋详图（二）

8. 双面叠合剪力墙外墙配筋详图如下：

双面叠合剪力墙做外墙时，外叶板可比内叶板高，高出距离宜等于楼板厚度（图5-14）。

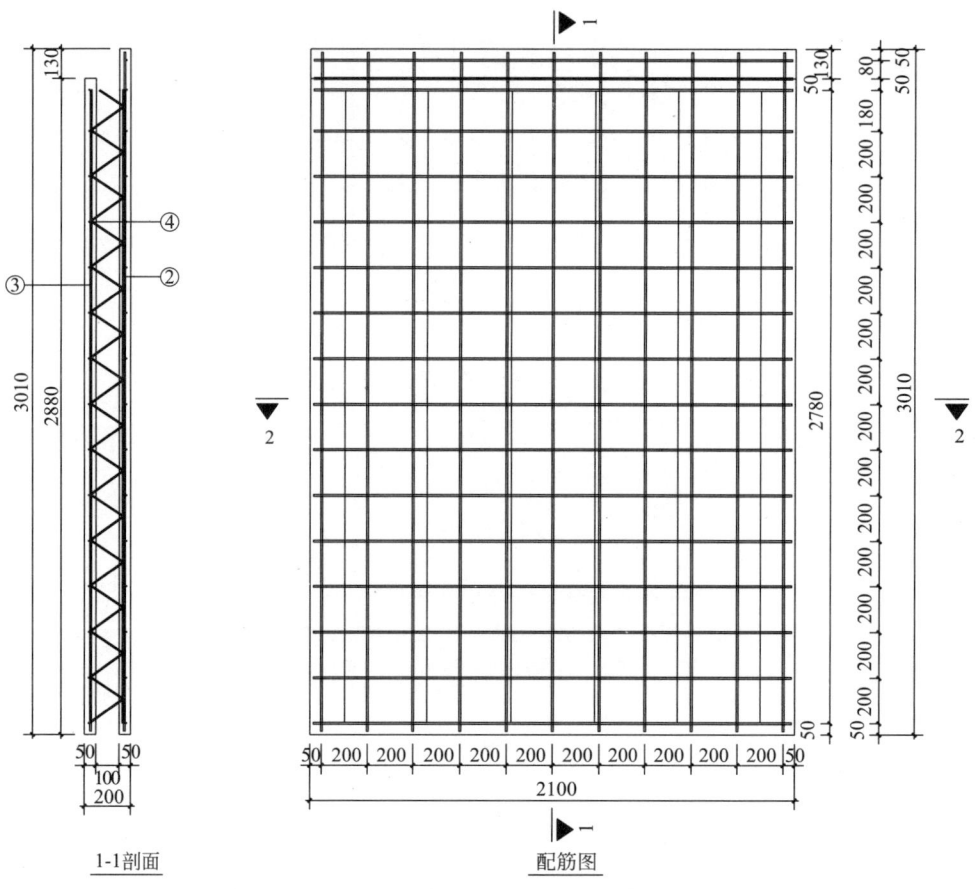

图 5-14 双面叠合剪力墙外墙配筋详图（一）

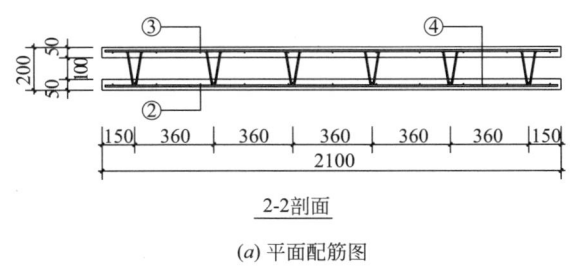

(a) 平面配筋图

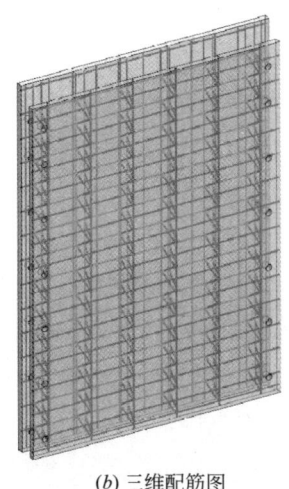

(b) 三维配筋图

图 5-14　双面叠合剪力墙外墙配筋详图（二）

9. 双面叠合墙板平面外搁梁做法

双面叠合剪力墙内墙平面外搁置梁时，需要在叠合墙上预留凹口，此凹口内钢筋拉通。具体做法如图 5-15 所示。

双面叠合剪力墙外墙平面外搁置梁时，需要在墙上预留凹口，此凹口内钢筋拉通。具体做法如 5-16 所示。

10. 双面叠合墙板开洞做法

双面叠合墙板可与上部混凝土梁一同预制，上部混凝土梁为双面叠合梁，叠合梁内、外叶厚度与下部挂板内、外叶厚度相同，非承重墙中间区域可在空腔内填充泡沫聚苯板以减轻预制构件的重量。具体做法如图 5-17 所示。

11. 楼层内相邻预制双面叠合剪力墙之间应采用整体式接缝连接，且应符合下列规定：

（1）约束边缘构件阴影区及构造边缘构件区域，宜采用后浇混凝土，并在后浇段内设置封闭箍筋。

（2）后浇混凝土与预制墙板应通过水平连接钢筋连接，水平连接钢筋的间距宜与预制墙板中水平分布钢筋的间距相同，且不宜大于 200mm；水平连接钢筋的直径不应小于叠合剪力墙预制板中水平分布钢筋的直径。

（3）水平连接钢筋应紧贴内外叶预制墙板布置。

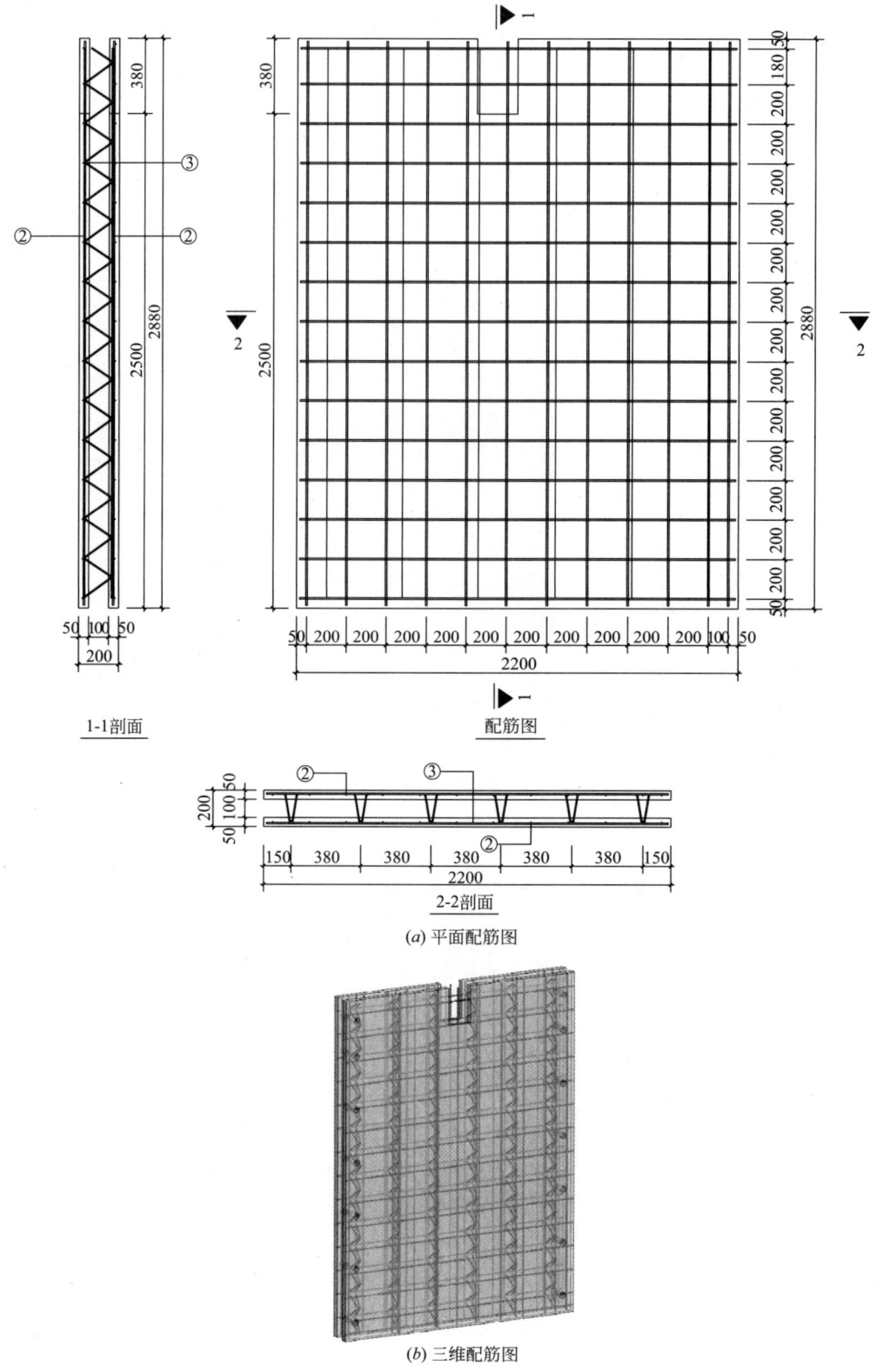

图 5-15 双面叠合剪力墙内墙预留梁凹槽做法

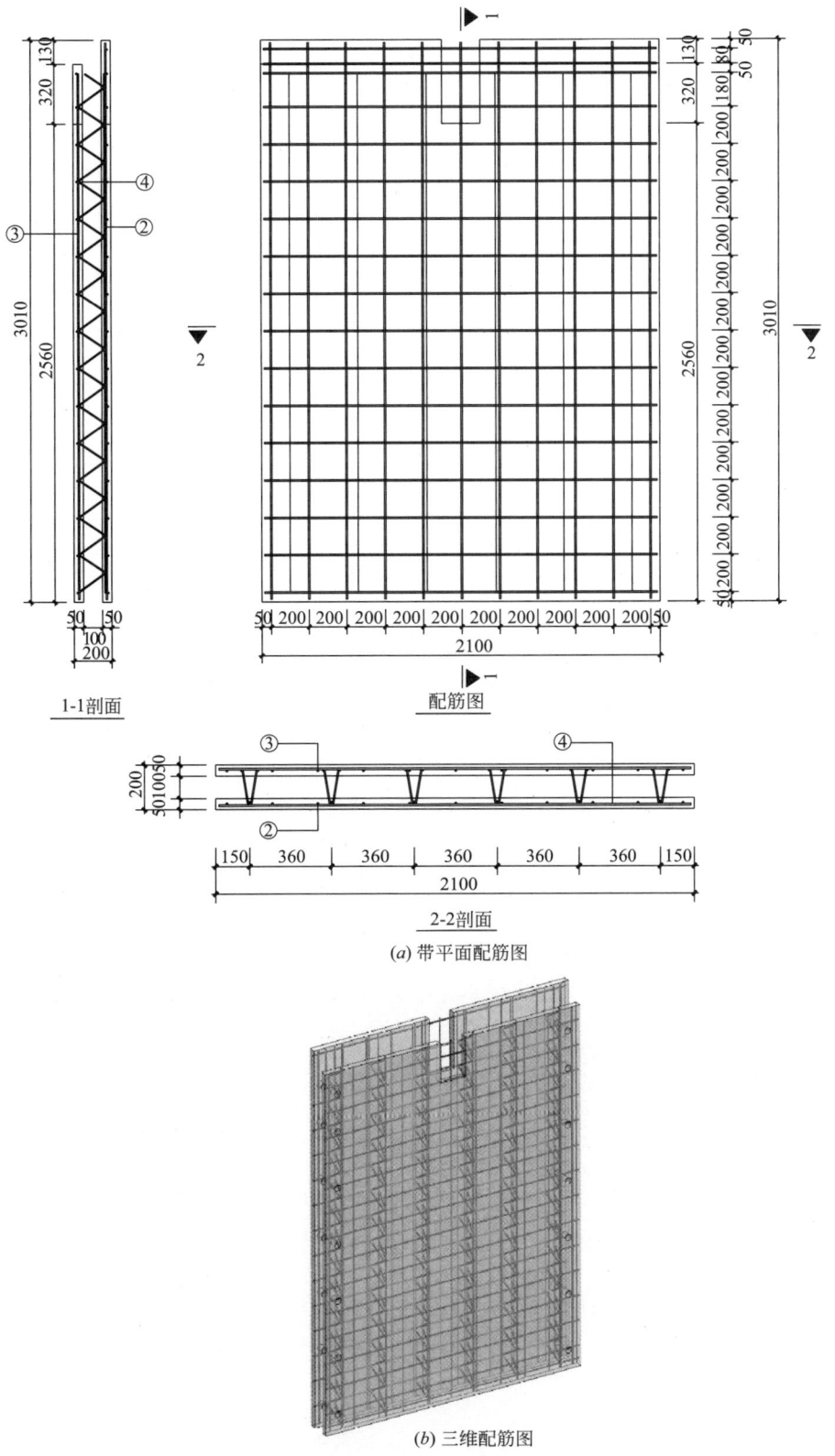

图 5-16 双面叠合剪力墙外墙预留梁凹槽做法

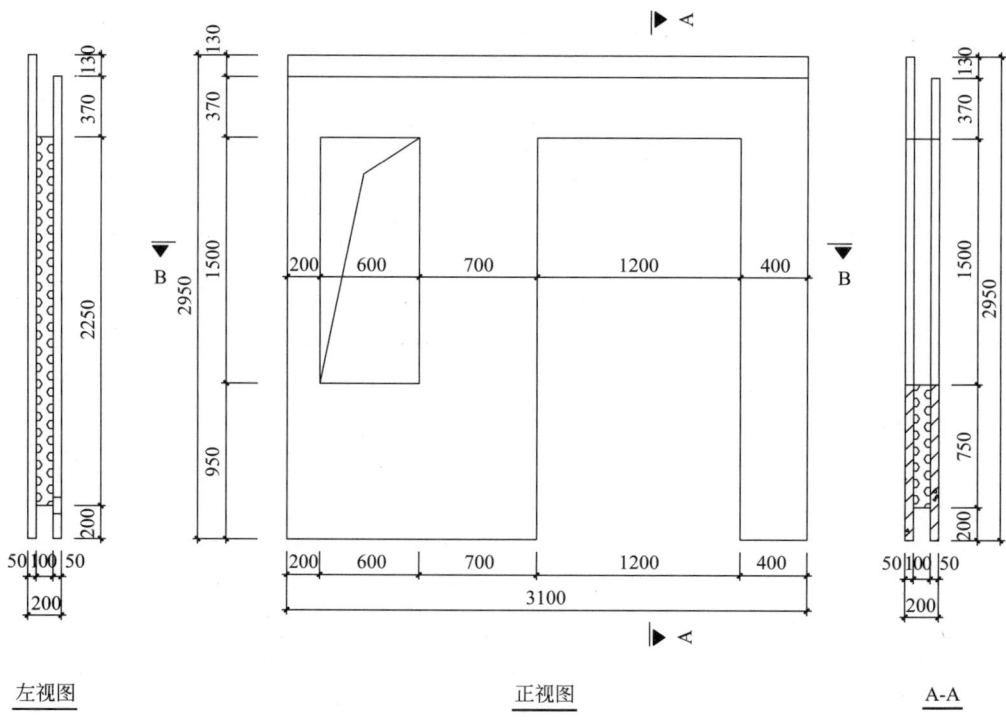
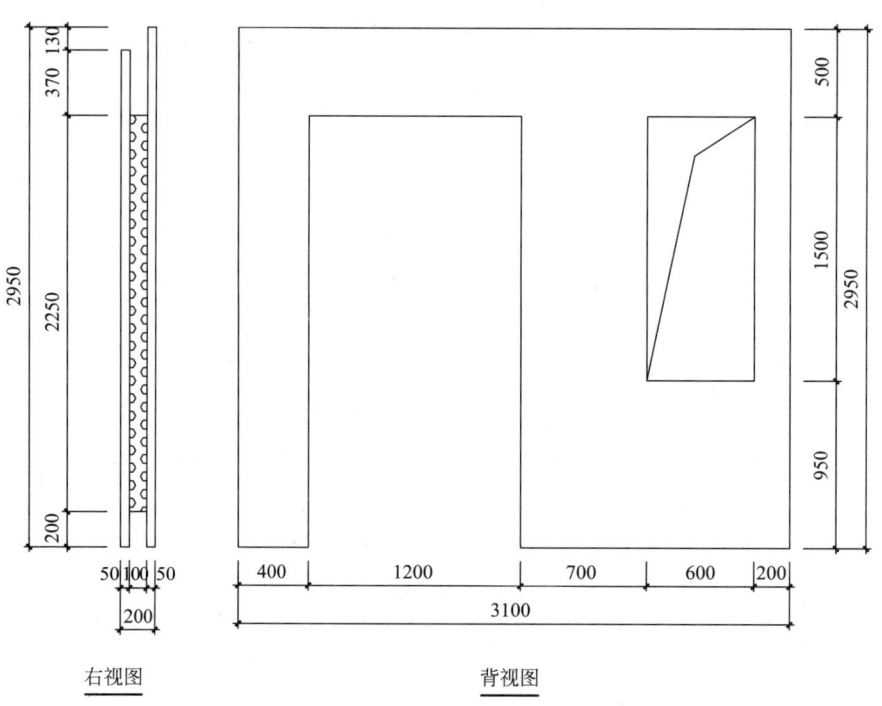

图 5-17 双面叠合墙板开洞做法详图（一）

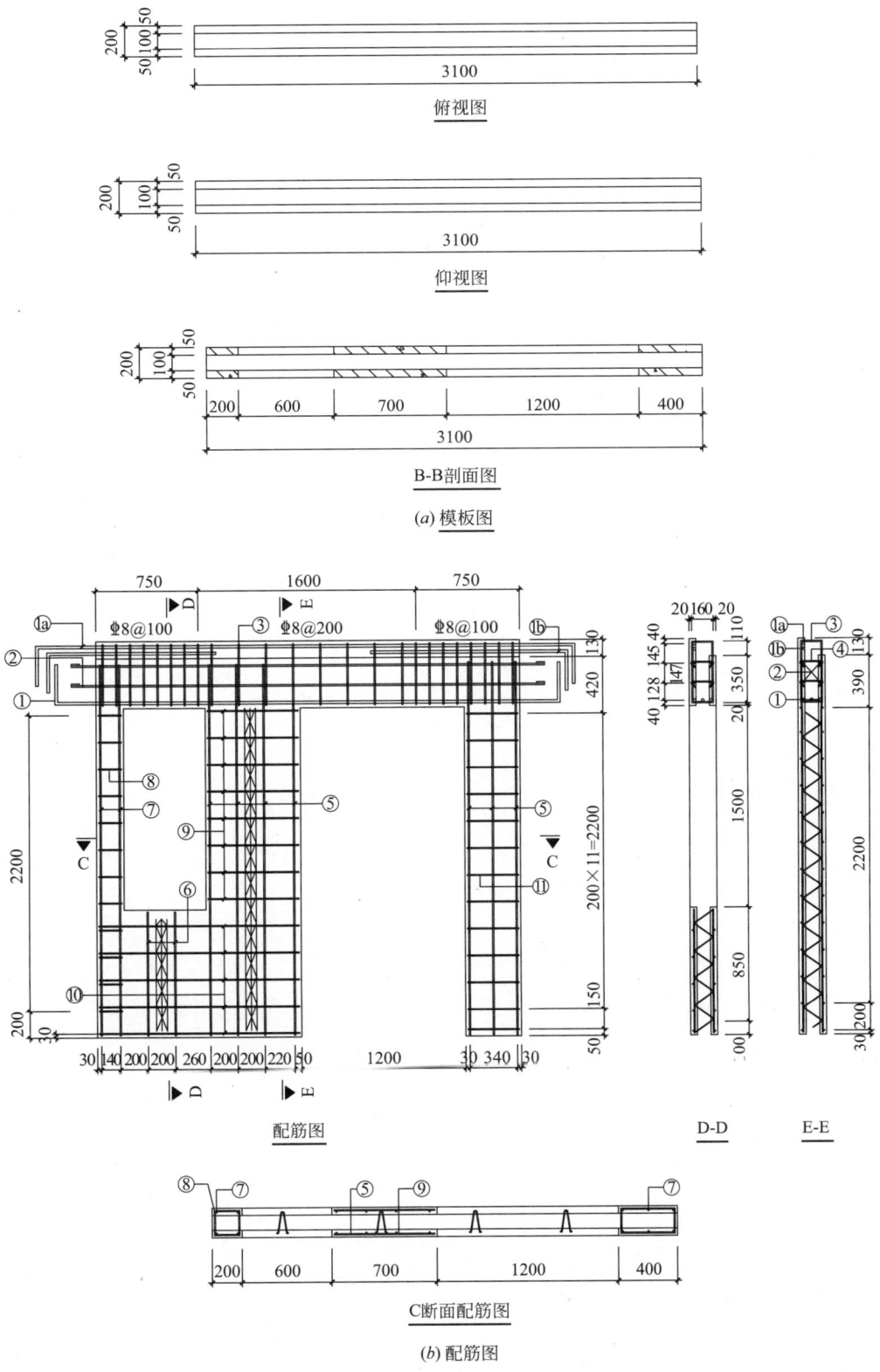

图 5-17 双面叠合墙板开洞做法详图（二）

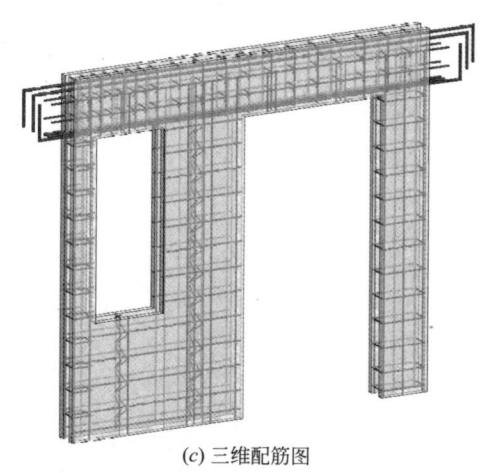

(c) 三维配筋图

图 5-17 双面叠合墙板开洞做法详图（三）

12. 双面叠合剪力墙结构约束边缘构件内的配筋及构造要求应符合国家现行标准《建筑抗震设计规范》GB 50011 和《高层建筑混凝土结构技术规程》JGJ 3 的有关规定，并应符合下列规定：

（1）约束边缘构件（图 5-18）阴影区域宜全部采用后浇混凝土，并在后浇段内设置封闭箍筋；

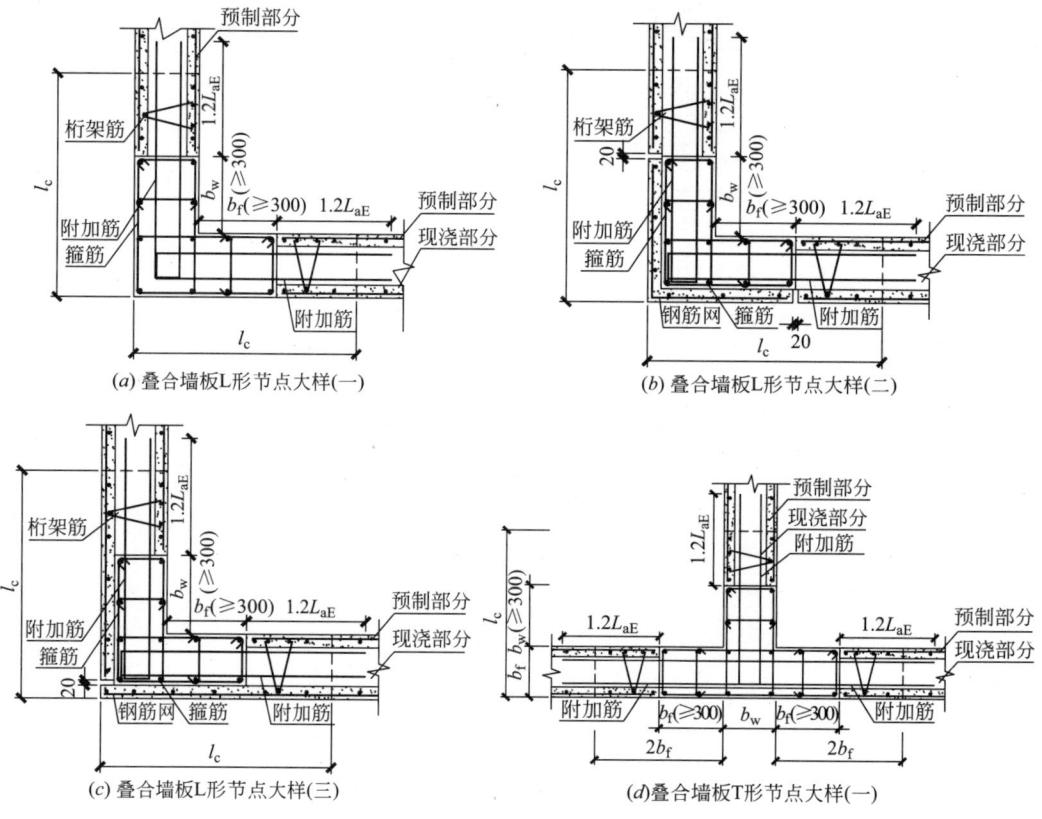

图 5-18 约束边缘构件配筋详图（一）

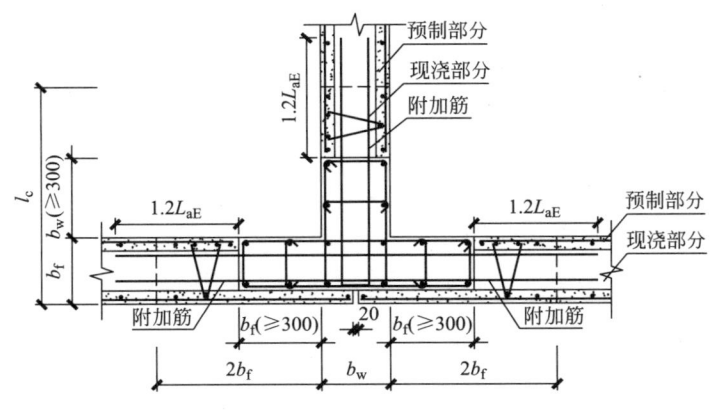

(e) 叠合墙板T形节点大样(二)

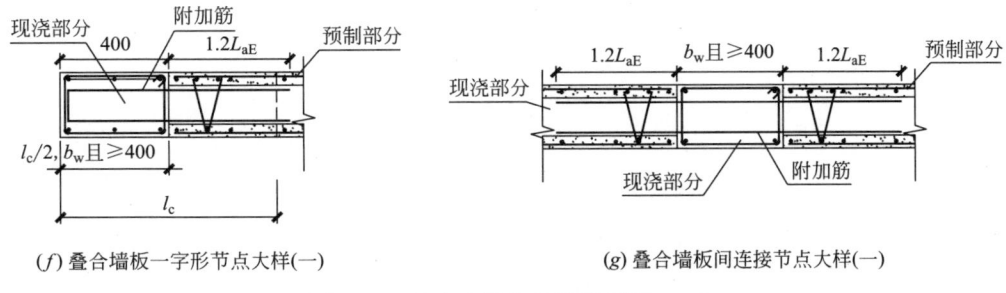

(f) 叠合墙板一字形节点大样(一)　　　　(g) 叠合墙板间连接节点大样(一)

图 5-18　约束边缘构件配筋详图（二）

（2）约束边缘构件非阴影区的拉筋可由叠合墙板内的桁架钢筋代替，桁架钢筋的面积、直径、间距应满足拉筋的相关规定。

13. 预制双面叠合剪力墙构造边缘构件内的配筋及构造要求应符合国家现行标准《建筑抗震设计规范》GB 50011 和《高层建筑混凝土结构技术规程》JGJ 3 的有关规定。构造边缘构件（图 5-19）宜全部采用后浇混凝土，并在后浇段内设置封闭箍筋。

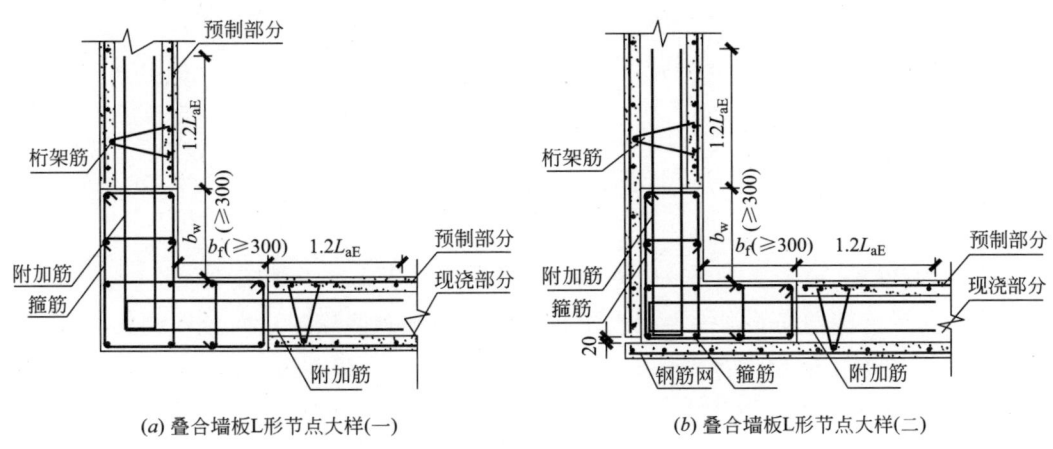

(a) 叠合墙板L形节点大样(一)　　　　(b) 叠合墙板L形节点大样(二)

图 5-19　构造边缘构件配筋详图（一）

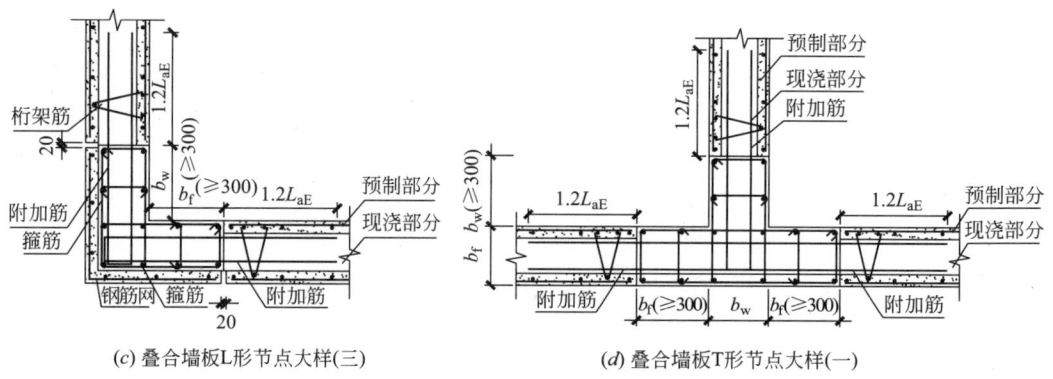

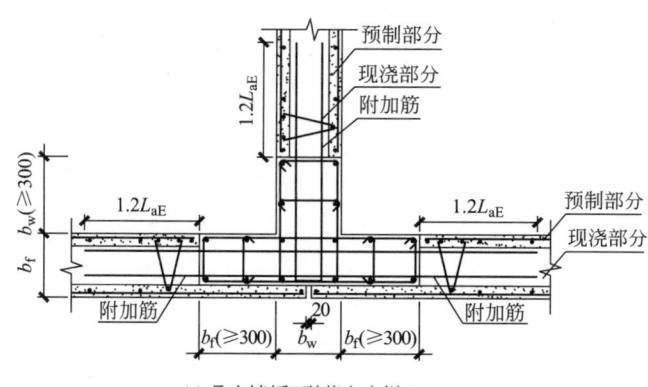

图 5-19 构造边缘构件配筋详图（二）

14. 双面叠合剪力墙水平接缝高度不宜小于 50mm，接缝处现浇混凝土应浇筑密实。水平接缝处应设置竖向连接钢筋，连接钢筋应通过计算确定，并应符合下列规定：

（1）连接钢筋在上下层墙板中的锚固长度不应小于 $1.2l_{aE}$（图 5-20）；

（2）竖向连接钢筋的间距不应大于叠合剪力墙预制墙板中竖向分布钢筋的间距，且不宜大于 200mm；竖向连接钢筋的直径不应小于叠合剪力墙预制墙板中竖向分布钢筋的直径。

（3）竖向连接钢筋应紧贴内外叶预制墙板布置（图 5-21）。

第5章 结构系统

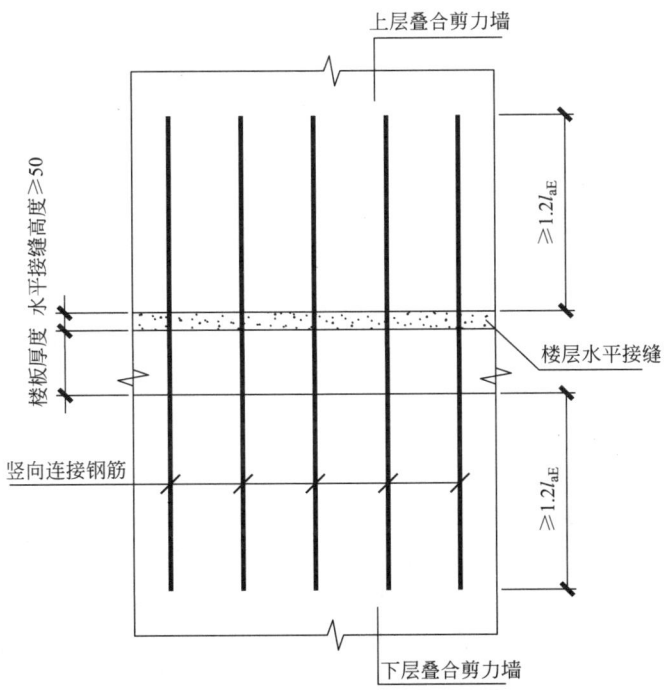

图 5-20 双面叠合剪力墙竖向分布钢筋的连接钢筋搭接构造

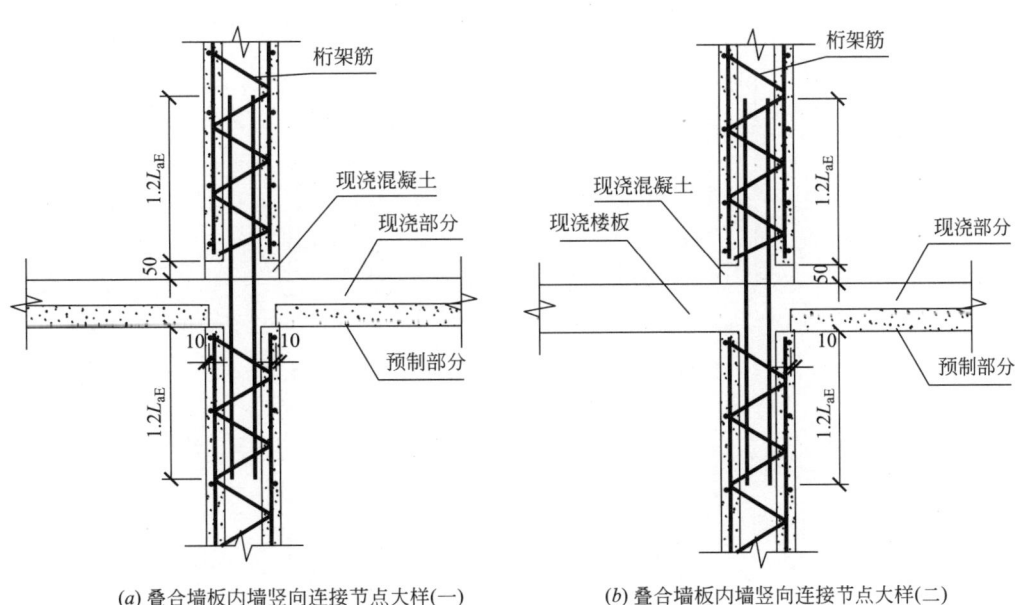

(a) 叠合墙板内墙竖向连接节点大样(一)　　(b) 叠合墙板内墙竖向连接节点大样(二)

图 5-21 双面叠合剪力墙与上下层墙体连接构造做法（一）

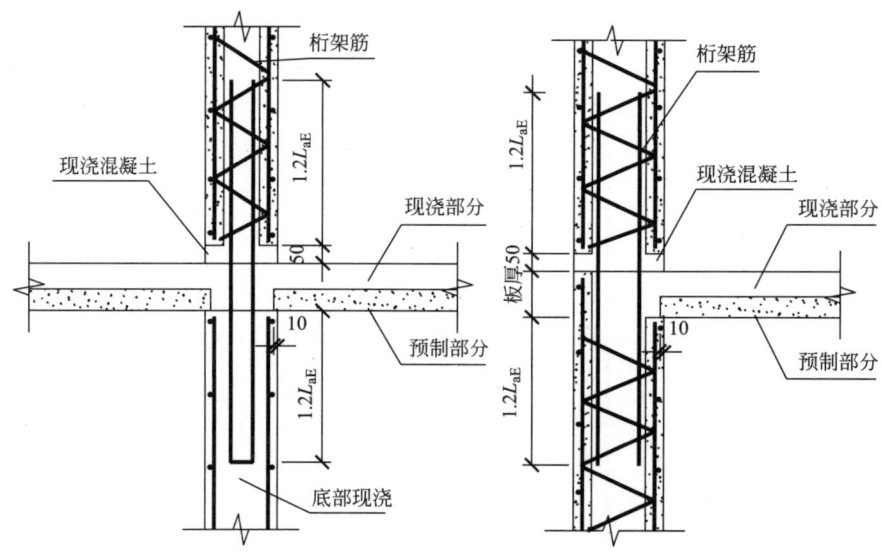

(c) 叠合墙板内墙竖向连接节点大样(三)　　(d) 叠合墙板外墙竖向连接节点大样(四)

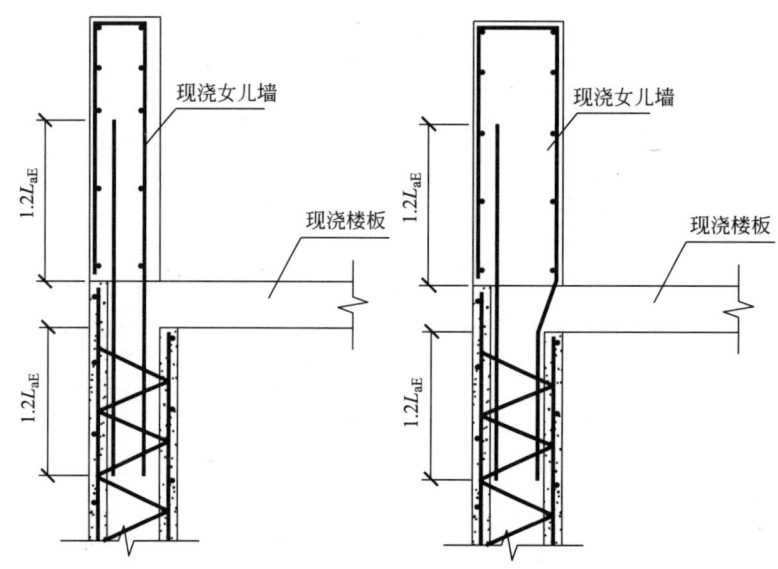

(e) 叠合剪力墙上现浇女儿墙做法(一)　　(f) 叠合剪力墙上现浇女儿墙做法(二)

图 5-21　双面叠合剪力墙与上下层墙体连接构造做法（二）

5.3.4　预应力带肋叠合板设计

1. 一般规定

预制预应力带肋底板混凝土叠合板（简称预应力带肋叠合板）由预制预应力底板及板上反肋组成，反肋可有效提高预制板刚度，确保预制板在生产阶段、运输阶段和安装阶段不致因刚度不足而开裂或变形过大，预制预应力底板用作现浇混凝土层的底模，混凝土强度等级不低于 C40。

预应力带肋叠合板主要受力钢筋采用消除应力钢丝，极限强度标准值为 1570MPa，分布钢筋普通热轧带肋钢筋，强度等级为 HRB400。预应力钢丝性能应满足《预应力混凝土用钢丝》GB/T 5223—2014 的有关要求。

预应力带肋叠合板的设计需考虑生产、施工和正常使用三个阶段。其中，在预应力带肋叠合板生产阶段，应考虑预应力钢筋的预应力损失、预应力放张验算和吊装运输工况验算；在预应力叠合板施工阶段，应进行现场施工浇筑混凝土工况验算；在正常使用阶段，应进行承载力计算、抗裂计算、挠度验算。

典型预应力带肋叠合板模板及配筋图示意如图 5-22 所示。

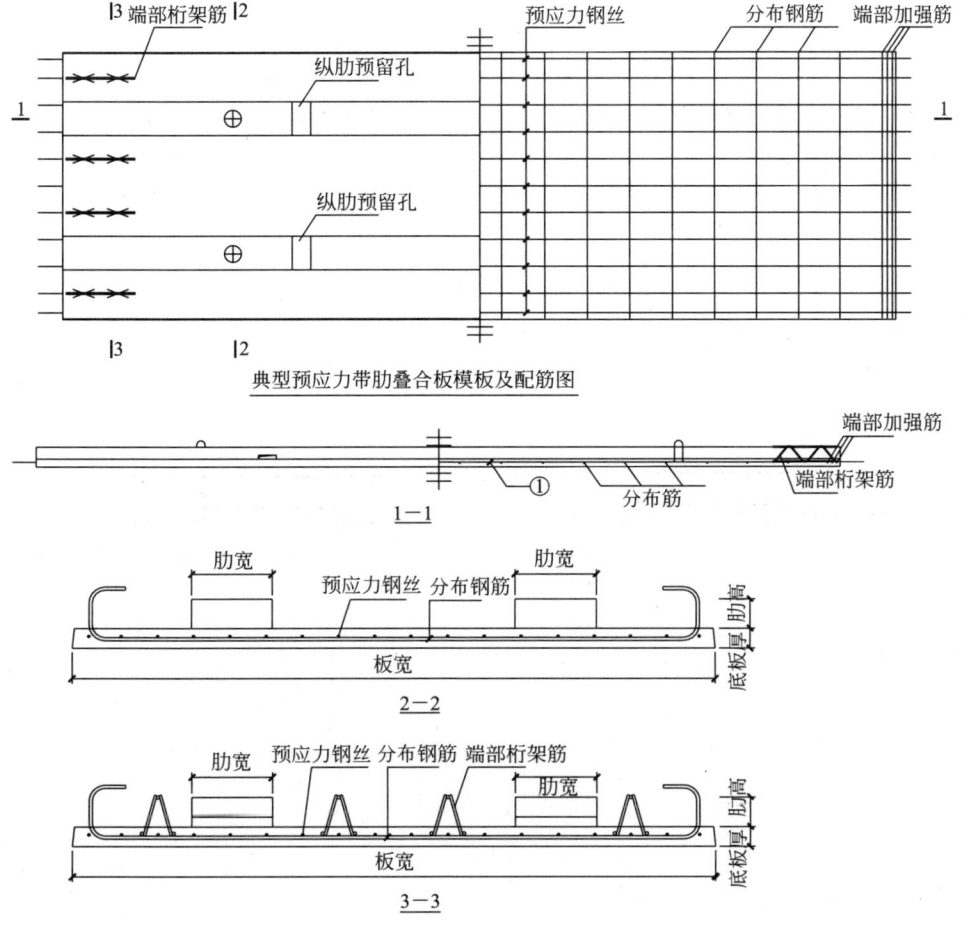

图 5-22 典型预应力带肋叠合板模板及配筋图

2. 配筋计算

预制构件计算应根据《混凝土结构设计规范》GB 50010—2010 第 10 章要求，计算预制构件在生产、施工、运输和正常使用阶段各工况下的承载力和变形情况。

生产阶段须计算预应力筋损失，还应验算预应力筋放张时受压区应力与受拉区应力是否满足规范要求。脱模起吊及运输阶段须注意吊点（支点）位置板肋及跨中混凝土应力变化情况。

施工阶段须验算在施工荷载下（包括现浇面层荷载和施工荷载），叠合板跨中底部拉应力和跨中肋上部压应力是否满足规范要求。

使用阶段计算叠合板跨中挠度及楼板受弯承载力。

3. 节点设计

预应力带肋叠合板支座处应设置附加底筋，底筋布置在紧贴叠合板上表面处（图5-23）。板缝采用密拼式做法，板缝间采用特殊构造的连接钢筋连接两块预制预应力叠合板（图5-24）。

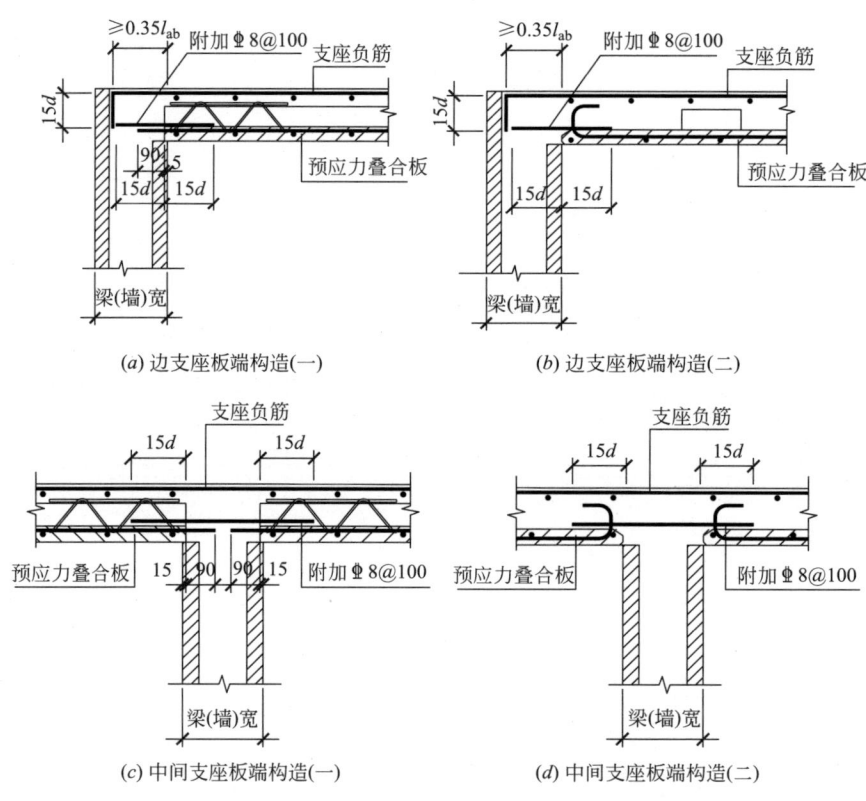

图5-23 预应力带肋叠合板支座构造做法

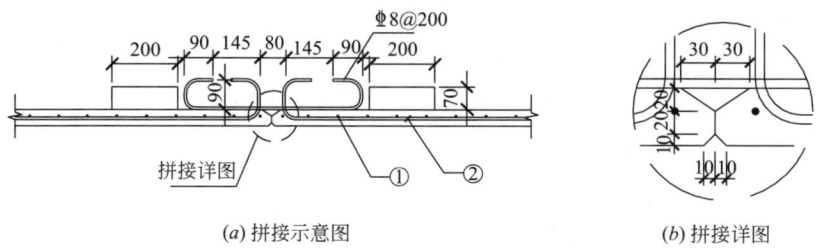

图5-24 预制预应力叠合板拼缝构造做法

预应力带肋叠合板采用密拼方式布置，应遵循标准化设计原则，尽量减少规格种类。图 5-25 为某相邻两户住宅单元预制预应力叠合板平面布置图。图 5-26 为预应力带肋叠合板现场施工图。

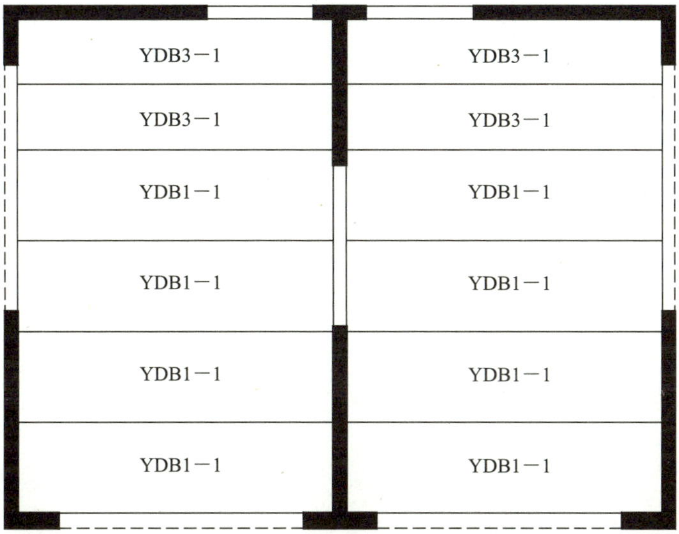

图 5-25 某相邻两户住宅单元预制预应力叠合板平面布置图

图 5-26 预应力带肋叠合板现场施工图

5.3.5 叠合梁设计

1. 一般规定

预制混凝土框架梁的设计应满足现行国家标准《混凝土结构设计规范》GB 50010 的要求,并应满足下列规定:

抗震等级为一、二级的叠合框架梁的梁端箍筋加密区宜采用整体封闭箍筋;当叠合梁受扭时宜采用整体封闭箍筋,且整体封闭箍筋的搭接部分宜设置在预制部分(图 5-27)。

当采用组合封闭箍筋时,开口箍筋上方两端应做成 135°弯钩。现场应采用箍筋帽封闭开口箍,箍筋帽宜两端做成 135°弯钩,也可做成一端 135°、另一端 90°弯钩,但

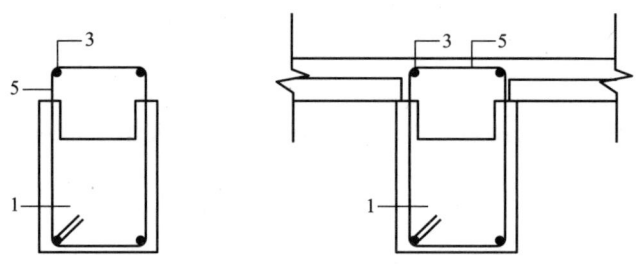

图 5-27 采用整体封闭箍筋的叠合梁
1—预制梁；3—上部纵筋钢筋；5—封闭箍筋

135°弯钩和 90°弯钩应沿纵向受力钢筋方向交错设置（图 5-28）。

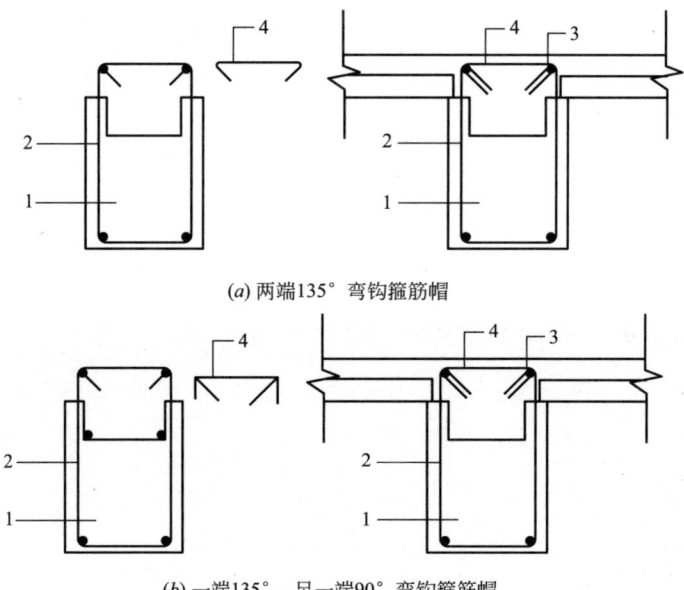

(a) 两端135°弯钩箍筋帽

(b) 一端135°、另一端90°弯钩箍筋帽

图 5-28 叠合梁箍筋做法
1—预制梁；2—开口箍筋；3—上部纵筋钢筋；4—箍筋帽

2. 配筋计算

预制阳台计算应根据《混凝土结构设计规范》GB 50010—2010 第 9.6 节要求，计算预制构件在生产、施工、运输和正常使用阶段各工况下的承载力和变形情况。

预制梁配筋根据整体计算结果进行归并，梁配筋种类控制在 2～3 种，以方便构件的生产和施工现场的管理成本。

5.3.6　预制外挂凸窗设计

凸窗与主体结构的连接方式按照安装位置可以分为内嵌式凸窗与外挂式凸窗（也称为预制带凸窗非承重墙）两种。

预制外挂凸窗在凸窗内预留钢筋，锚入现浇梁或者墙中，具体做法见图 5-29、图 5-30。

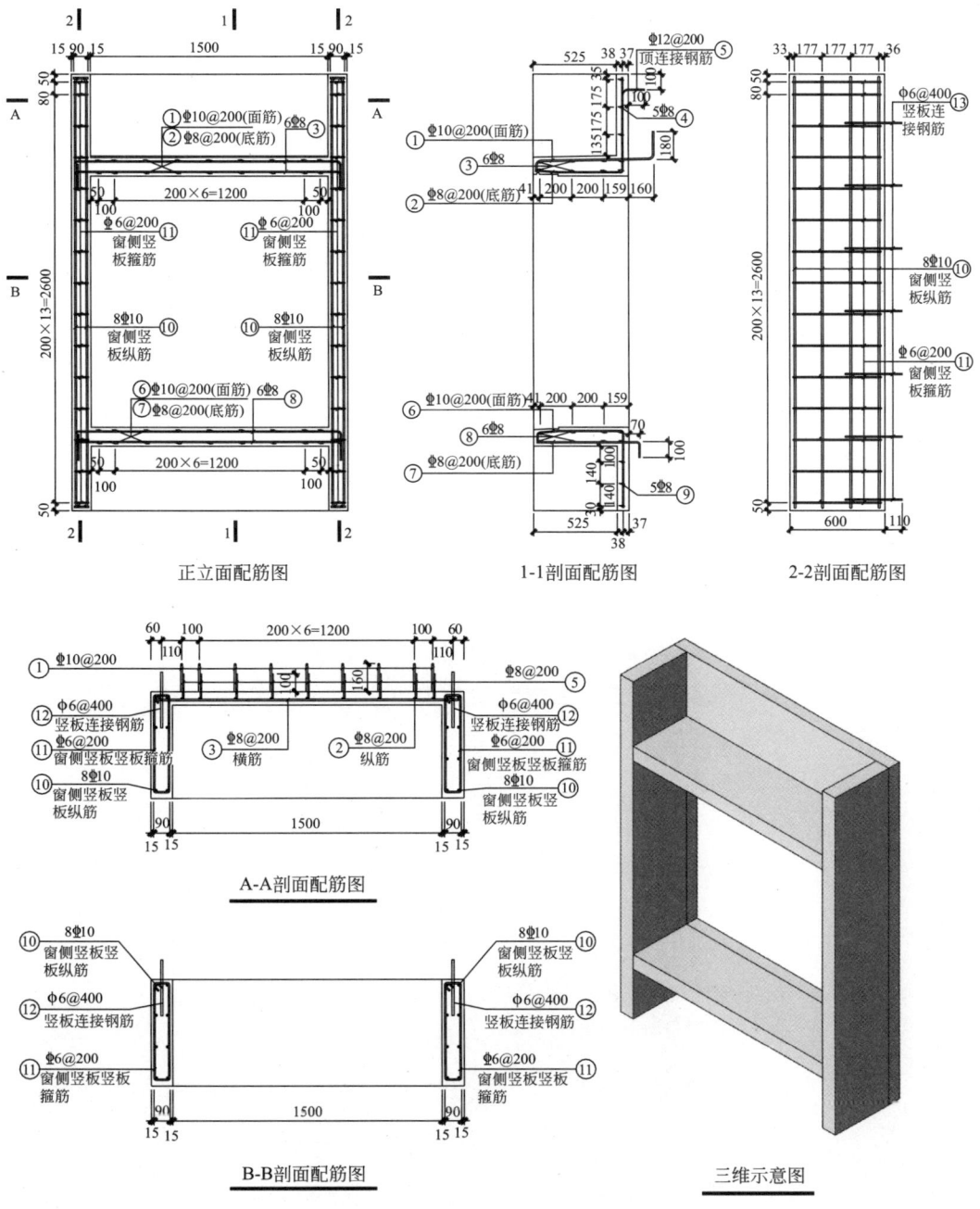

图 5-29 外挂凸窗配筋详图

5.3.7 预制带凸窗非承重外墙设计

预制非承重外墙通常和上部结构梁整体预制，上部为预制叠合梁，预制构件两侧通过构造钢筋与主体结构相连接（图 5-31、图 5-32）。梁下挂板与下层楼板的水平缝处预留企口，并采用密封材料封堵（图 5-33）。

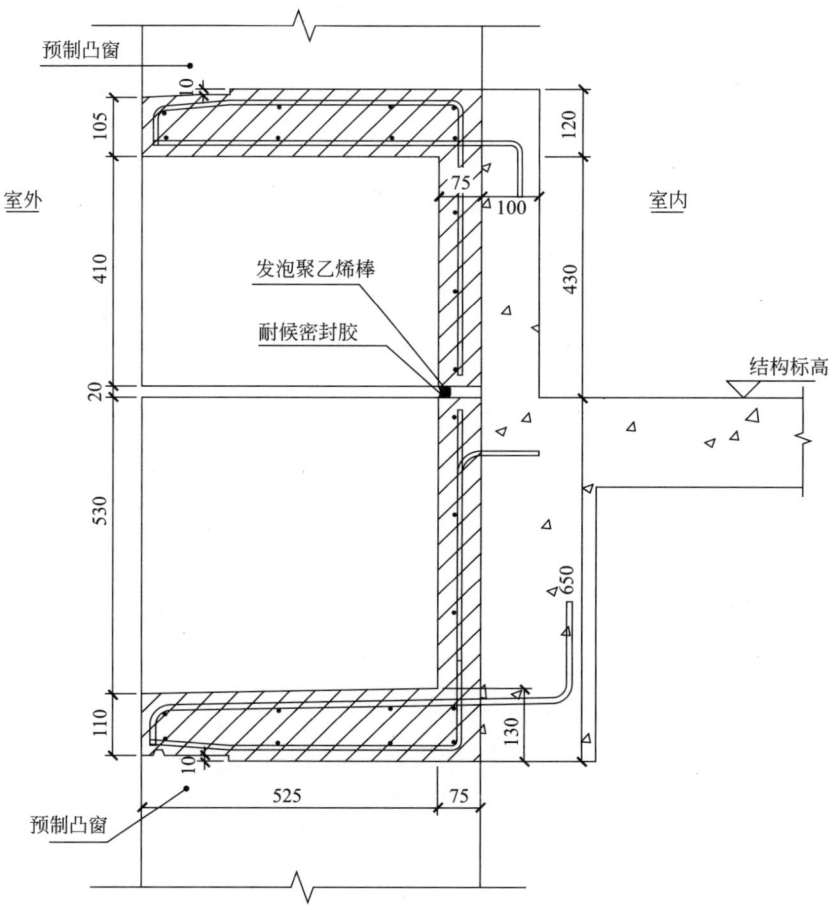

图 5-30 预制凸窗（外挂式）连接节点

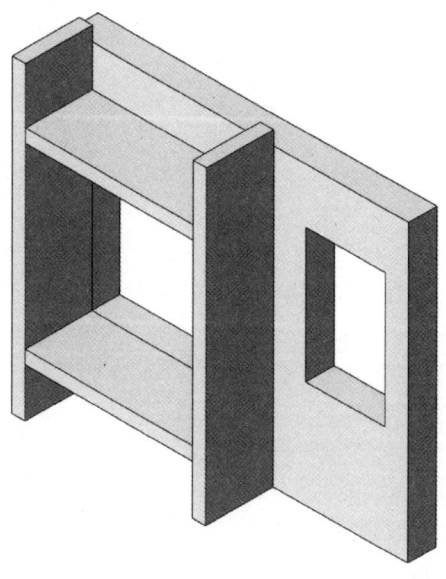

图 5-31 预制带凸窗非承重外墙三维示意图

第5章 结构系统

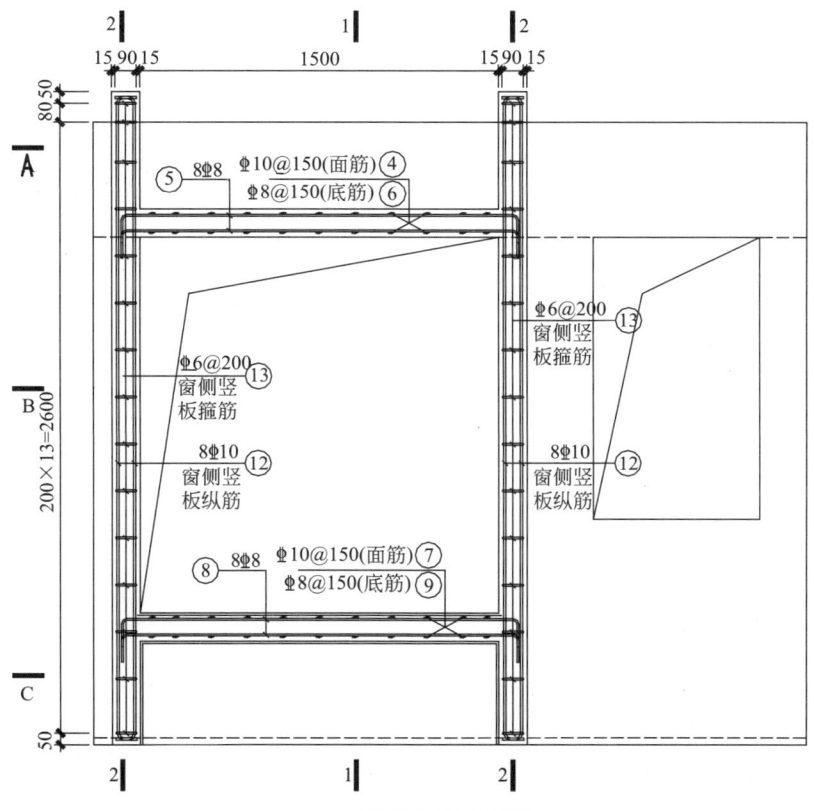

(a) 凸窗正立面配筋图

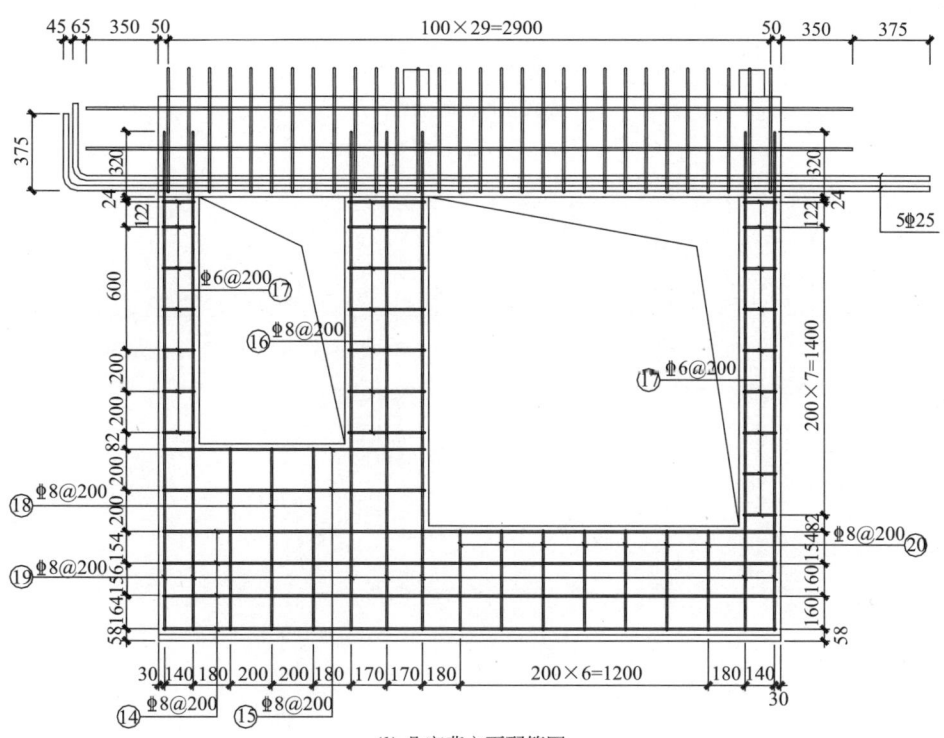

(b) 凸窗背立面配筋图

图 5-32 预制凸窗（内嵌式）配筋详图（一）

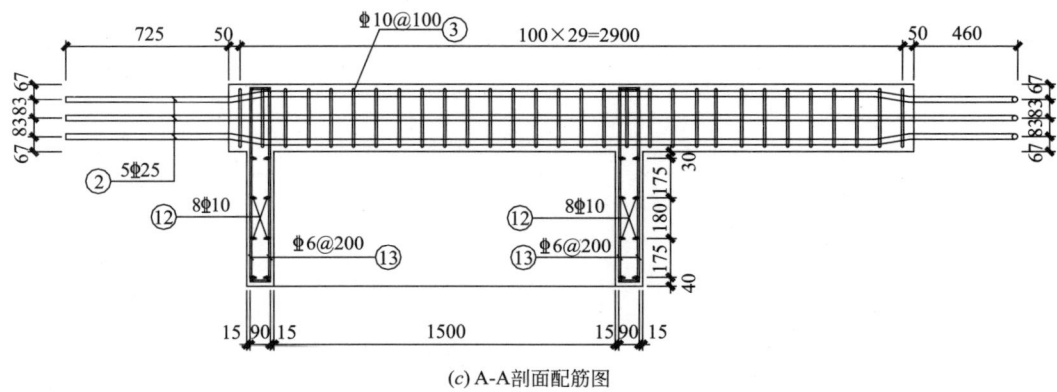

(c) A-A剖面配筋图

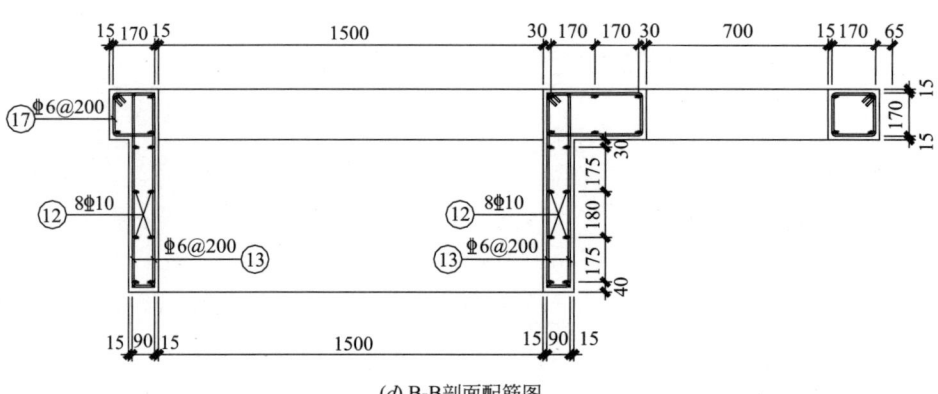

(d) B-B剖面配筋图

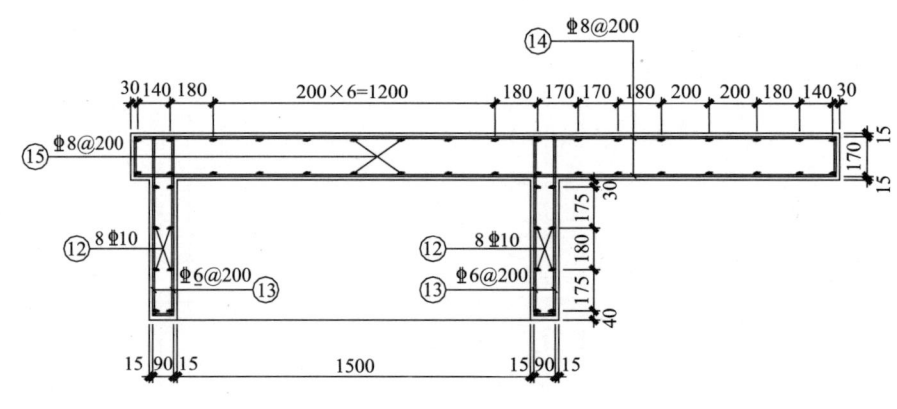

(e) C-C剖面配筋图

图 5-32 预制凸窗（内嵌式）配筋详图（二）

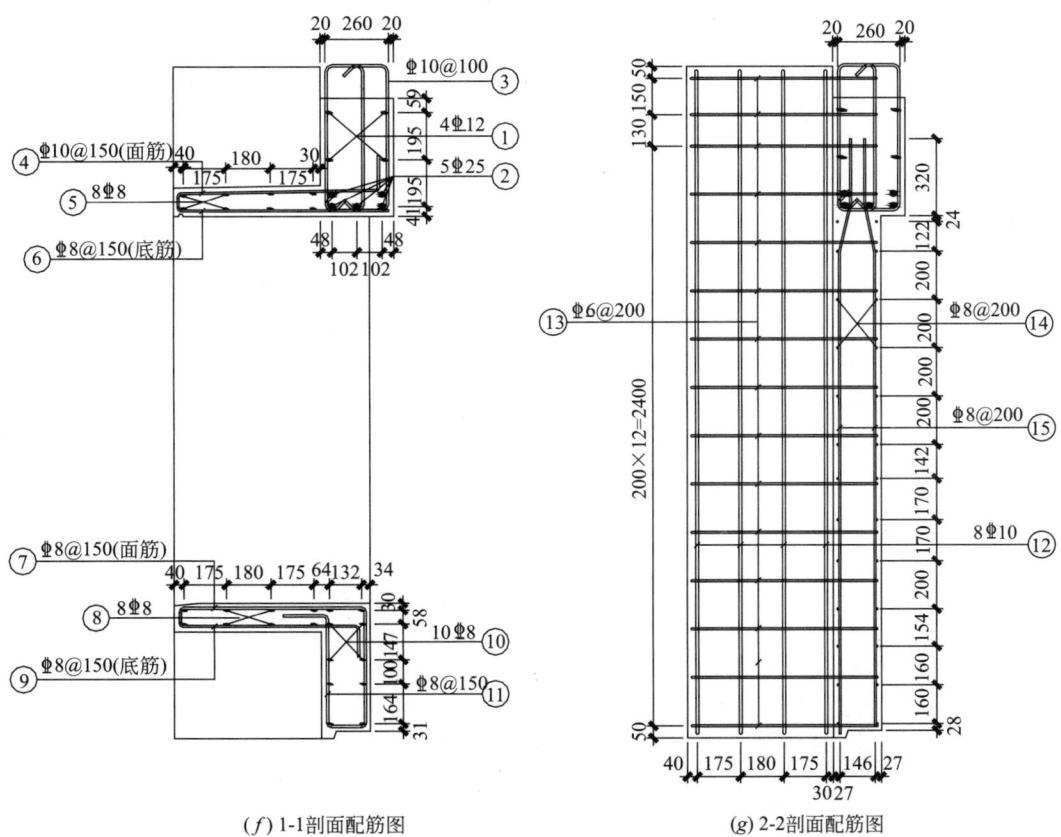

(f) 1-1剖面配筋图　　　(g) 2-2剖面配筋图

图 5-32　预制凸窗（内嵌式）配筋详图（三）

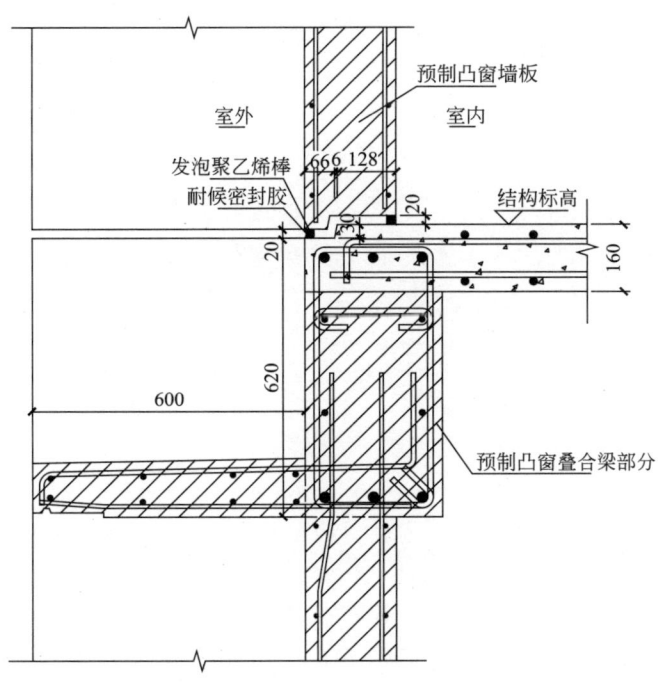

图 5-33　预制带凸窗非承重墙节点大样（非叠合板）

5.3.8 预制阳台设计

1. 一般规定

预制阳台分为板式阳台（图5-34）与梁式阳台（图5-35），板式阳台的受力模型为悬挑板，梁式阳台受力模型为悬挑梁；与现浇部分连接采用"等同现浇"设计理念。

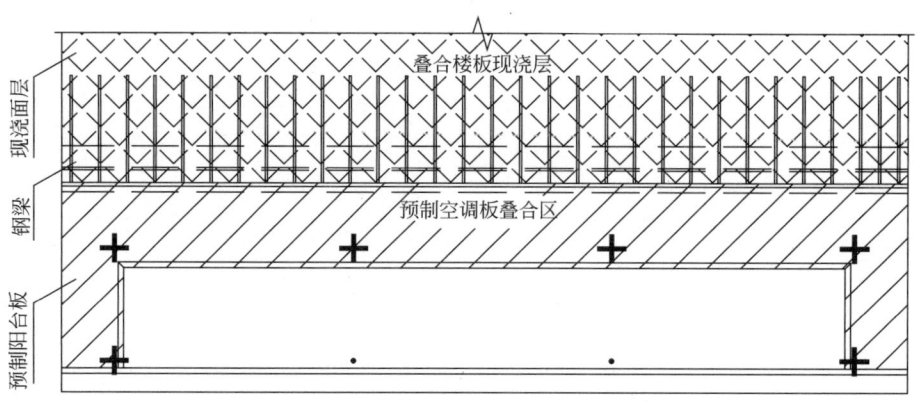

图 5-34　板式阳台示意图

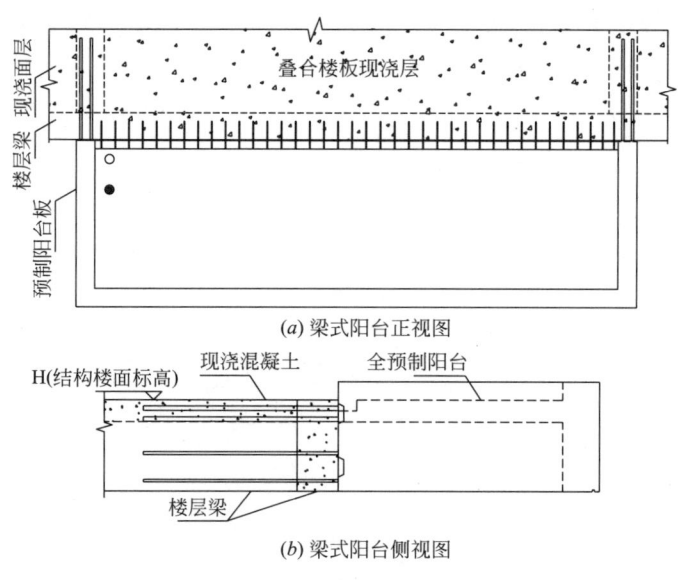

图 5-35　梁式阳台示意图

阳台应计算脱模、吊装、运输和施工等荷载工况，并按最不利情况进行配筋；预制阳台根据建筑设计的栏杆、落水管孔、地漏孔和防雷等应预留预埋，避免后期打凿。

其余可见国家建筑标准设计图集《预制钢筋混凝土阳台板、空调板及女儿墙》15G368-1。

2. 配筋计算

预制阳台的计算包括荷载组合计算（生产阶段、施工阶段和使用阶段）、栏杆锚固计算等。预制阳台应保证在正常使用状态和承载力极限状态下的安全使用：变形和裂缝符合规范要求，在风荷载和地震作用等荷载作用下不会脱落。

3. 荷载取值

预制阳台承受的荷载主要包括恒载、活载、风荷载和地震作用。

预制阳台的恒载包括预制阳台自重和阳台装修面层自重以及其他的附属物（如阳台上固定隔墙、栏杆等）自重。

预制阳台的活载按国家标准《建筑结构荷载规范》GB 50009—2012 表 5.1.1 第 13 项取值 $3.5kN/m^2$；栏杆顶部的水平荷载应取 $1.0kN/m$，竖向荷载应取 $1.2kN/m$，水平荷载和竖向荷载应分别考虑。

风荷载按国家标准《建筑结构荷载规范》GB 50009—2012 有关围护结构的规定计算。

地震作用按国家标准《建筑抗震设计规范》GB 50011—2010 有关规定计算。

4. 配筋计算

预制阳台计算应根据《混凝土结构设计规范》GB 50010—2010 第 9.6 节要求，计算预制构件在生产、施工、运输和正常使用阶段各工况下的承载力和变形情况。

生产阶段须计算脱模起吊工况，运输阶段须注意吊点（支点）位置及跨中混凝土应力变化情况。

施工阶段须验算在施工荷载下（包括现浇面层荷载和施工荷载），阳台板、阳台梁与现浇部分接缝处支座拉应力是否满足规范要求。如阳台板有叠合层还需验算叠合层拉应力是否满足规范要求。

使用阶段按全截面板厚和梁高计算阳台板和阳台梁支座处受弯承载力。

5.3.9 预制楼梯设计

1. 一般规定

预制混凝土板式楼梯计算与构造可参考国标图集 15G367-1 进行。

预制楼梯宜采用清水混凝土饰面，采取措施加强成品保护。楼梯踏面的防滑构造应在工厂预制时一次成型。

装配式建筑中的预制楼梯较常用的方案即一端固定一端滑动，滑动支座保证发生地震时，楼梯与结构主体之间发生在允许规范限定范围内的最大层间位移，以减少地震作用对楼梯的破坏（图 5-36）。

2. 配筋计算

预制楼梯计算应根据《混凝土结构设计规范》GB 50010—2010 第 9.6 节要求，计算预制构件在生产、施工、运输和正常使用阶段各工况下的承载力和变形情况。

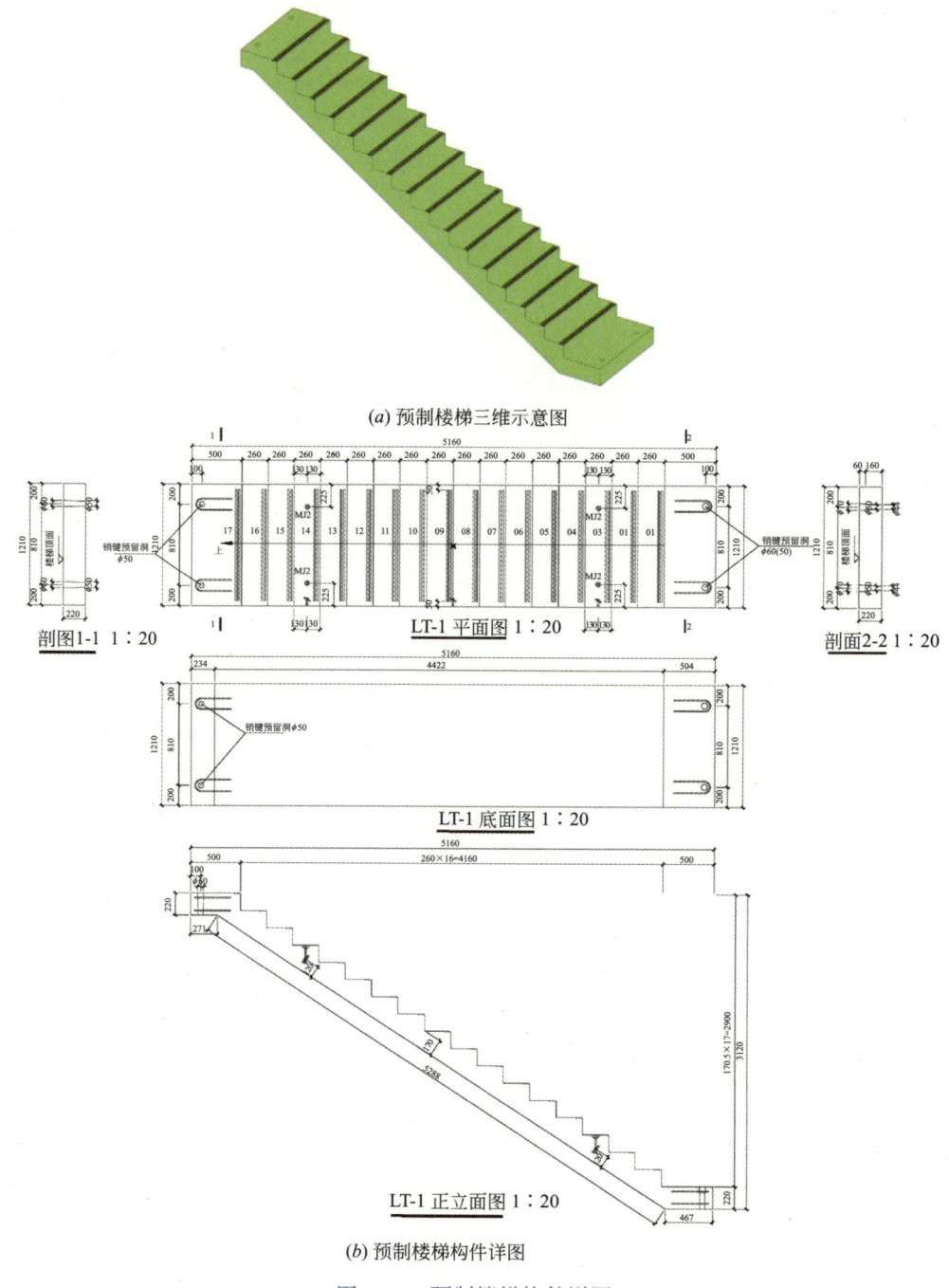

图 5-36　预制楼梯构件详图

生产阶段须计算脱模起吊工况，运输阶段须注意吊点（支点）位置及跨中混凝土应力变化情况。

施工阶段须验算在施工荷载下（包括现浇面层荷载和施工荷载），支座拉应力是否满足规范要求。

使用阶段按全截面板厚验算支座处受弯承载力。

3. 节点设计

国标图集《装配式混凝土结构连接节点构造》15G310-1 中第 41 页高端支承固定铰支座，低端支承滑动铰支座（图 5-37）。

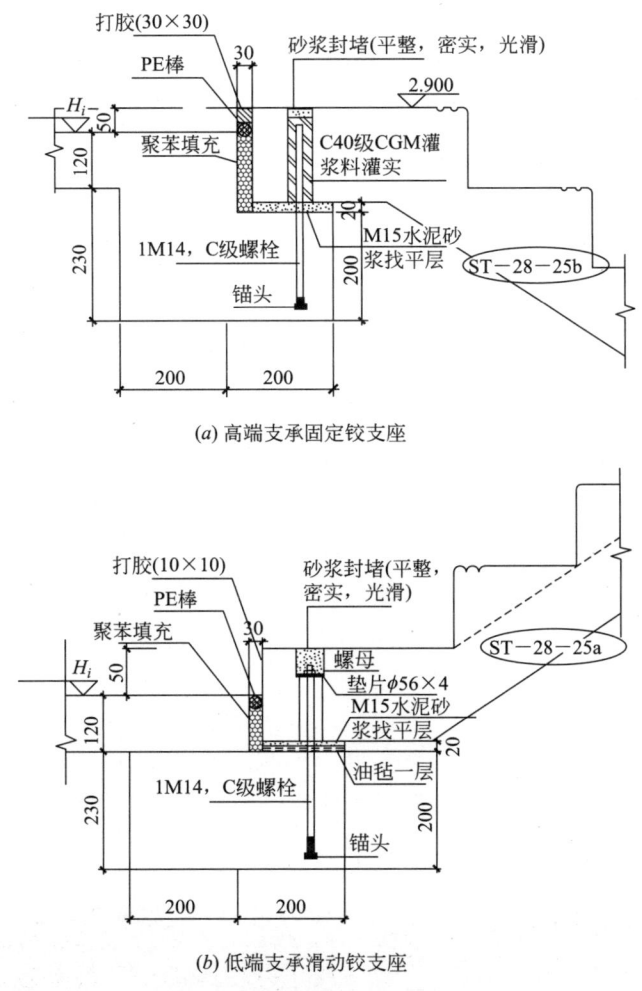

(a) 高端支承固定铰支座

(b) 低端支承滑动铰支座

图 5-37 预制楼梯支座详图

支座节点的设计要点如下：

（1）平台梁与预制梯段之间宽度应≥30mm，主要是对于两跑楼梯，一个梯段高端支承与另一梯段低端支承位于同一个水平标高，此时作为低端平台地震位移量约为 30mm，这样能确保两个构件支承在平台梁挑耳同一水平位置，确保构件模具的通用。图集要求最小 30mm，间隙宽度应根据建筑物的结构体系、设防烈度、建筑层高等具体情况而定。

（2）挑耳厚度 h，不应小于楼板厚度，属于构造要求，且应保证楼梯荷载作用下，挑耳的抗剪与抗弯承载力满足设计的要求。

（3）预埋螺杆（钢筋）到预制楼梯端部的距离不小于 $5d$（d 为螺杆（钢筋）直

径），是满足《混凝土结构设计规范》GB 50010—2010（2016版）第9.7.4条"抗剪钢筋离端部不应小于3d以及45mm"的要求。

(4) 螺杆（钢筋）锚入下端梯梁挑耳≥9d，且螺杆末端设置钢筋锚固板。

国标图集《装配式混凝土结构连接节点构造》15G310-1中第41页"低端支承滑动铰支座"，滑动铰支座节点的设计要点如下：

1) 计算预制楼板与梯梁之间留缝宽度，保证大震情况，楼梯的位移变形量可以释放。

2) 楼梯挑耳的长度：

$$L \geqslant \delta + \Delta u_p + 50\text{mm}$$

且≥200mm，保证大震情况时楼梯不滑落。

3) 滑动铰支座在接触面应设置"隔离层"如油毡，以便地震时候楼梯能产生滑移。

4) 高端支承"固定"铰支座，梯板预留孔洞要用强度不小于40MPa灌浆料填实，而低端支承"滑动"铰支座，必须保留空腔。

5.4 构件成品保护

5.4.1 预制构件运输时成品保护

1.厂内运输宜采用低平板车，车上设专用架，采用专用的运输器械。

2.不同类型构件，设计专用的放置基座，确保构件安放平稳、安全，边角及外露钢筋等受损最小（图5-38）。

图5-38 预制构件运输过程成品保护示意图

5.4.2 预制构件临时堆放时成品保护

1.预制构件应按规格、品种、所用部位、吊装顺序分别设置堆放。

2.预制墙体插放架为两侧插放,插放架应满足强度、刚度和稳定性要求,插放架应设置防磕碰、防下沉的保护措施。

3.直立存放的墙板宜对称靠放、饰面向外,构件与竖向垂直线的倾斜角不大于10°,对墙板类构件的连接止水条、高低口和墙体转角等薄弱位置应加强保护。

4.厂内堆放需设置专用支架,确保构件放置平稳。构件接触部位用柔性垫片填实。

5.预制构件混凝土强度达到设计强度时方可运输。

6.暴露在空气中的预埋铁件涂抹防锈漆,防止产生锈蚀。

7.预埋螺栓孔应采用海绵棒进行填塞,防止混凝土浇捣时将其堵塞。

8.预制楼梯的棱角较多,应特别注意保护不要磕碰,预制楼梯多层叠放时需注意高度和层数,应满足安全和吊装方便的需要。

9.施工现场的构件,宜按照安装顺序分类存放,堆垛宜布置在塔吊工作范围内,且不受其他施工作业影响的区域,以免操作碰撞损坏构件(图5-39)。

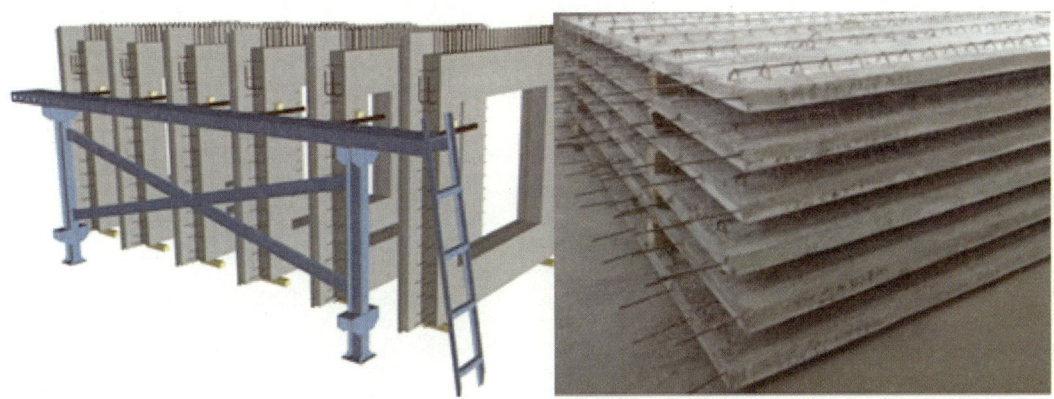

图5-39 预制构件临时堆放示意图

5.5 结构系统策划

为方便设计人员理解双面叠合剪力墙结构住宅系统,本指南提供图5-40、表5-1、表5-2供广大工程技术人员进行装配式建筑结构体统的策划及设计选用。

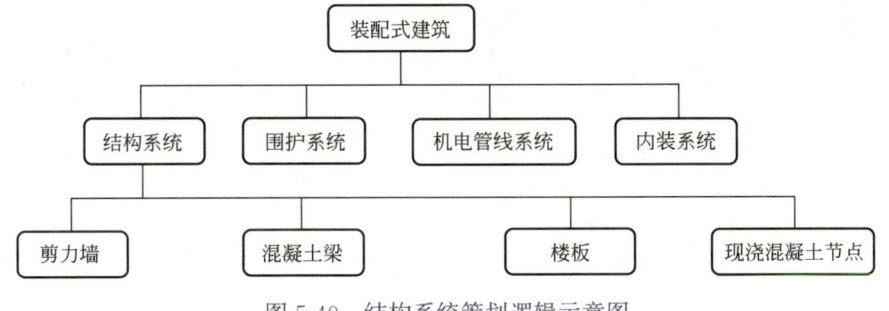

图5-40 结构系统策划逻辑示意图

双面叠合剪力墙结构设计要点汇总 表 5-1

结构布置原则	1. 应符合现行国家有关标准和规范,结构墙体的布置应与建筑功能相协调,优先采用标准化尺寸墙厚与墙长; 2. 结构平面布置宜规则对称、侧向刚度沿竖向宜均匀变化; 3. 不宜采用单向少墙结构及高位转换结构	
结构计算要点	1. 整体计算时,按现浇结构进行计算; 2. 梁刚度放大系数,对边梁取 1.2,中梁取 1.5; 3. 整体计算各指标应满足规范要求,其中结构层间位移角按装配式剪力墙混凝土结构取值; 4. 预制叠合楼板平行于板跨方向的配筋按单向板进行计算,板厚取全截面厚度,垂直于板跨方向的配筋按照双向板计算,板厚取现浇层厚度	
结构构造措施	1. 预制双面叠合剪力墙尺寸与配筋尽量归并,采用标准化设计; 2. 双面叠合剪力墙应验算净截面水平抗剪承载力; 3. 楼板现浇面层采用双向拉通面筋+支座附加面筋配筋方式,增强楼板整体性; 4. 预制叠合板侧面拼缝处布置构造钢筋,增强抗裂性能;叠合板端支座处,设置附加钢筋,增强组合梁界面抗剪承载力; 5. 预制双面叠合剪力墙连接节点采用整体式接缝连接:后浇混凝土与预制墙板应通过连接钢筋连接	
常用构件	常规构件	可选构件
竖向承重构件	现浇剪力墙与双面叠合剪力墙	—
水平承重构件	现浇混凝土梁、叠合梁	双面叠合梁
楼盖体系	预制预应力带肋底板混凝土叠合板	四面不出筋叠合板、钢筋桁架叠合板
连接节点	现浇混凝土节点	
外围护构件	PC 墙板、ALC 条板、发泡陶瓷板	GRC、玻璃幕墙
内分割构件	陶粒空心条板(3m 以下)、ALC 条板(3m 以上)	轻钢龙骨石膏板
其他构件	预制凸窗、预制楼梯、预制阳台、预制空调板、栏杆、空调百叶等	

双面叠合剪力墙结构住宅体系结构系统策划表 表 5-2

预制构件	装配式建筑结构系统		策划选项			备注
^	构件名称、种类及特征		必选	可选	部位	
1. 柱	a. 预制混凝土柱	一层一柱				
		二层一柱				
		三层一柱				
	b. 钢管混凝土柱	一层一柱				
		三层一柱				
	c. 钢柱	一层一柱				
		三层一柱				
	d. 其他柱					

续表

装配式建筑结构系统			策划选项			备注
预制构件	构件名称、种类及特征		必选	可选	部位	
2.墙	a.预制剪力墙	灌浆套筒连接				
		环箍连接				
	b.双面叠合剪力墙	有保温				
		无保温	√		非底部加强区的核心筒以外墙体	温和地区
	c.板式低多层剪力墙	灌浆套筒连接				
		螺栓连接				
	d.现浇剪力墙	免模工业化建筑体系				
		铝合金模板	√		底部加强区剪力墙、非底部加强区楼层核心筒范围剪力墙	
		塑料模板				
3.梁	a.预制混凝土梁			√	梁	可以是叠合梁，也可以是双面叠合梁
	b.钢梁					
	c.钢桁架					
	d.钢和混凝土组合梁					
4.楼板	a.预制叠合板	a-1.PK板				
		a-2.预应力反肋叠合板		√	非底部加强区楼层户内楼板	板密拼，板缝采用本指南标准做法
		a-3.不出筋叠合板		√		
		a-4.钢筋桁架叠合板				
	b.预制楼板（非叠合）	b-1.预应力空心板				
		b-2.预应力双T板				
	c.现浇楼板	c-1.铝模现浇		√	底部加强区楼板、非底部加强区核心筒楼板、屋面板	
		c-2.大钢模现浇				
		c-3.工具式模板现浇				
		c-4.钢筋桁架叠合板				
5.连接节点	a.灌浆套筒连接	a-1.全灌浆套筒				
		a-2.半灌浆套筒				
	b.高强度螺栓连接					

续表

装配式建筑结构系统		策划选项			备注
预制构件	构件名称、种类及特征	必选	可选	部位	
5.连接节点	c.焊接				
	d.牛腿铰接				
	e.后浇节点连接		√	墙	相邻双面叠合剪力墙板之间的连接处
	f.钢和混凝土组合连接				
6.抗侧支撑体系或减震	a.剪力墙 防屈曲钢板剪力墙				
	a.剪力墙 普通钢板剪力墙				
	a.剪力墙 钢筋混凝土剪力墙		√	底部加强区剪力墙、非底部加强区核心筒剪力墙	
	b.支撑 防屈曲支撑				
	b.支撑 钢支撑				
	c.其他				
7.隔震	隔震垫				

特别说明：

本指南提到的"四面不出筋叠合楼板"，借鉴了清华大学聂建国院士团队研发成果（采用板端不出筋预制板的装配式钢-混凝土组合楼盖体系（CN 107246107 A）、一种混凝土预制板板端取消胡子筋的构造及施工方法（CN 109667374 A），并结合结构特点设计而成。

第 6 章

围护系统

围护系统是装配式建筑的重要组成部分,本指南第 11 分册《装配式建筑围护系统设计指南》进行详细的描述。为便于设计人员选用,可以按图 6-1 及表 6-1 进行围护系统策划及设计。

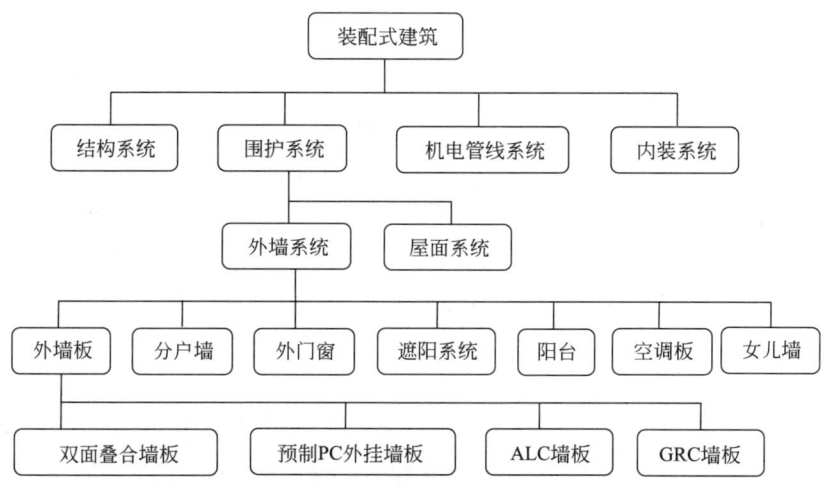

图 6-1 装配式建筑围护系统策划逻辑示意图

装配式建筑围护系统策划表 表 6-1

围护系统策划							
围护墙系统					必选	可选	部位	备注
1.外墙	1.1 外墙板	a.双面叠合墙板	保温做法	夹心保温				
				内保温	√		外墙	夏热冬暖地区
				无保温				
			水平缝	位置	层间梁、板、面层范围内		√	预制与现浇交接部位	
				形式	企口缝(高低槛不小于 35mm)				

续表

围护系统策划							
围护墙系统					必选	可选	部位	备注
1.外墙	1.1外墙板	a.双面叠合墙板	竖向缝	形式	企口缝,外涂防水涂料			
			防水分区	分区	三层为一分区			
					每层为一分区			
				泄水口	每个防水分区不少于2处			
					每个十字缝处设一处			
				泄水口形式	排水管			
					防水板			
			外饰面		混凝土饰面			
					石材饰面			
					砖饰面			
					木饰面			
					涂料饰面	√	外墙面	宜现场涂刷,可避免构件颜色与现浇部分颜色色差
			保温做法		夹心保温			
					内保温			
					无保温			
		b.预制PC外挂墙板	水平缝	水平缝高度	层间梁、板、面层范围内			
					踢脚线高度			
				水平缝形式	高低缝(高低槛不小于35mm)			
					平缝(向外找坡20%~50%)			
			竖向缝	空腔缝	加设防水板			
					不设防水板			
			十字缝		十字缝设防水板			
			防水分区	分区	三层为一分区			
					每层为一分区			
				泄水口	每个防水分区不少于2处			
					每个十字缝处设一处			

续表

围护系统策划							
围护墙系统				必选	可选	部位	备注
1.外墙	1.1外墙板	b.预制PC外挂墙板	板间接口	开缝			
				闭缝			
			外饰面	混凝土饰面			
				石材饰面			
				砖饰面			
				木饰面			
				涂料饰面			
		c.ALC墙板	保温做法	内保温			
				外保温			
				无保温	✓		外墙
			安装方式	外挂式安装			
				内嵌式安装		✓	外墙
			水平缝		✓		
			竖向缝		✓		
			板间接缝		✓		
			外饰面	涂料饰面		✓	外墙
		d.GRC墙板	保温做法	内保温			
				无保温			
			安装方式	外挂式安装			
			水平缝				
			竖向缝				
			板间接缝				
			外饰面	混凝土饰面			
				涂料饰面			
	1.2女儿墙	a.装配式女儿墙	安装方式	双面叠合女儿墙	✓		女儿墙	做好接缝处防水
				灌浆套筒连接				
			保温做法	外保温				
				夹心保温				
				无保温	✓		—	
			防水做法	金属披水板				
				砂浆找坡		✓	女儿墙顶部	
				预制混凝土压顶				
		b.现浇女儿墙	保温做法	外保温				
				无保温	✓			
			防水做法	金属披水板				
				砂浆找坡		✓	女儿墙顶部	

续表

围护系统策划							
围护墙系统				必选	可选	部位	备注
1.外墙	1.3外门窗	a.铝塑共挤门窗	安装方式	先装法			
				后装法			
			防水做法	披水板	一体成型		
					组装式		
		b.铝合金门窗	安装方式	先装法		√	外门窗	适用于预制剪力墙构件
				后装法		√	外门窗	适用于现浇区
			防水做法	披水板	一体成型	√	—	—
					组装式		—	—
		c.断桥铝门窗	安装方式	先装法				
				后装法				
			防水做法	披水板	一体成型			
					组装式			
2.遮阳	2.1外窗一体化遮阳				√	外窗	与外窗设计一体考虑
	2.2活动遮阳						—
	2.3固定遮阳	a.形式		覆窗式			—
				挑出式	√	外墙	—
		b.材质		铝合金	√	外墙	—
				FRP			
				ALC条板			
3.阳台及空调机位	3.1板式阳台			a.封闭阳台			
				b.开敞阳台	√		
	3.2梁式阳台			a.封闭阳台			
				b.开敞阳台			
	3.3空调机位			a.FRP成品空调机位			
				b.预制混凝土空调机位	√	空调机位	
4.分户墙	4.1ALC条板隔墙			a.单层墙板,剔槽走线	√	分户墙	长度大于6m时,注意加结构柱
				b.双层墙板,空腔走线			
屋面系统				必选	可选	部位	备注
屋面	坡屋面	a.沥青瓦屋面		保温做法			
				防水做法			
				屋面太阳能			
		b.块瓦屋面	保温做法	内保温			
				无保温			
				防水做法			
				屋面太阳能			

续表

围护系统策划							
屋面系统				必选	可选	部位	备注
屋面	坡屋面	c.波形瓦屋面	保温做法	内保温				
				无保温				
			防水做法					
			屋面太阳能					
		d.金属板屋面	保温做法	内保温				
				无保温				
			防水做法					
			屋面太阳能做法					
		e.防水卷材屋面	保温做法	内保温				
				无保温				
			防水做法					
			屋面太阳能					
		f.装配式轻型屋面	保温做法	内保温				
				无保温				
			防水做法					
			屋面太阳能做法					
		g.装配式轻型屋面	保温做法	内保温				
				无保温				
			防水做法					
			屋面太阳能					
		h.绿植屋面	绿植屋面做法					
			保温做法	内保温				
				无保温				
			防水做法					
	平屋面	a.无保温屋面	非上人屋面做法					
			上人屋面做法					
			绿植屋面做法					
		b.正置式屋面	非上人屋面做法					
			上人屋面做法					
			绿植屋面做法					
		c.倒置式屋面	非上人屋面做法			√	屋面	
			上人屋面做法			√	屋面	
外装饰				必选	可选	部位	备注
外饰面	反打饰面		a.石材				
			b.面砖				
	转印饰面		a.仿石				

续表

围护系统策划						
		外装饰	必选	可选	部位	备注
外饰面	转印饰面	b. 仿砖				
		c. 仿木				
	平涂饰面	a. 混凝土饰面				
		b. 涂料饰面		√	外墙	

第 7 章

机电系统

机电系统是装配式建筑的重要组成部分,本指南第 12 分册《装配式建筑机电系统设计指南》对其进行了详细的介绍。为方便广大设计人员理解并应用,本册提供图 7-1 及表 7-1,供读者进行装配式建筑机电系统的策划及设计选用。

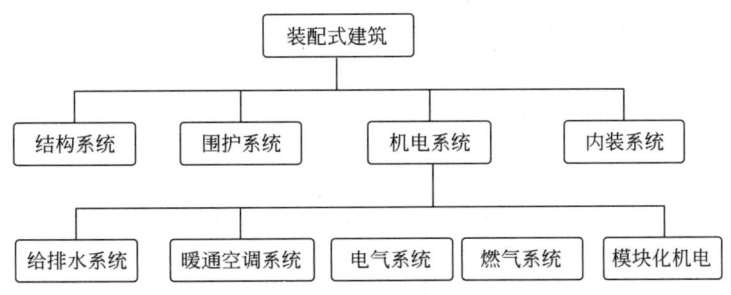

图 7-1 装配式建筑机电系统策划逻辑示意图

装配式建筑机电系统策划表　　　　　表 7-1

机电系统策划					
给水排水系统			必选	可选	使用部位	备注
1.给水系统	a.预留预埋	预制管线沟槽				
		预留孔洞及预埋套管		√	所有房间	应避开预制楼板的钢筋
		预埋设备配件				
	b.管线分离	立管外置		√	所有房间	管道穿外墙需定位和遮挡
		架空地面				
		设备夹层				
		双层贴面墙		√	所有房间	适用于管道外径不大于 25mm
		轻质隔墙				
		局部吊顶		√	户内	管线集中敷设局部吊顶内
		全部吊顶		√	公共区域	管线敷设吊顶内

73

续表

机电系统策划					
给水排水系统 |||| 必选	可选	使用部位	备注

			必选	可选	使用部位	备注
1.给水系统	c.分集水器	分水器				
		集水器				
2.排水系统		管道竖井		√	公共区域	竖井楼板应为现浇楼板
		GRC内敷设				
		排水凹槽				
		空调条板穿管				
		降板同层排水				
		侧墙排水		√	卫生间、厨房	需确定穿墙标高和套管大小
		叠合板内同层排水		√	卫生间	预制楼板现浇层厚度100mm以上
		叠合板异层排水	√		阳台、走道、卫生间	叠合板应预留排水孔洞

	暖通空调系统		必选	可选	使用部位	备注
1.空调系统	a.分体空调	室内机	壁挂式	√		卧室	适用于8~20m²；外墙预留孔洞高度2.2m
			柜式		√	客厅	适用于20~45m²；外墙预留孔洞高度0.15m
			风管机				
		室外机	空调板安装	√			外墙设置
			阳台安装				
	b.中央空调	空调风管	桁架内布置				
			独立管井				
			架空地面				
		空调水管	管道竖井				
			设备夹层				
			顶板辐射				
		多联机冷媒管	穿梁布置				
			梁下布置				
			管井布置				
2.供暖系统	地板辐射供暖	干式地暖				
		湿式地暖				
	散热器供暖					
3.通风系统	水平排风		√		卫生间	设橱窗式排气扇
	集中竖井排风					
4.防排烟系统	自然通风及自然排烟		√		楼梯间及前室	建筑高度小于100m满足自然通道要求
	防排烟竖井					

续表

机电系统策划						
电气系统			必选	可选	使用部位	备注
1.强弱电系统	a.管线预埋	预制剪力墙中敷设				
		预制叠合楼板中敷设				
		双面叠合剪力墙中敷设				
		预应力带肋叠合板中敷设				
	b.管线分离	天花吊顶敷设		√	所有房间	
		装配式集成墙面敷设		√	所有房间	
		架空地板敷设				
		利用装饰墙面敷设		√	所有房间	
	c.设备安装	电气设备在轻钢龙骨空腔中安装		√	套内隔墙	应合理利用空腔安装设备
		电气设备在预制条板中安装				
		电气设备在GRC墙板中安装				
2.防雷接地系统		预制女儿墙接闪带及引下线连接		√	外围护	屋面浇筑应预留接地扁钢
		预制剪力墙引下线连接	√		外围护	接地连接体应焊接在主筋
		预制外窗等电位连接	√		外围护	预留接地端子
		预制外墙等电位连接	√		外围护	与引下线连接应可靠
		预制混凝土柱引下线连接				
		钢柱与基础接地网连接				
		金属屋面与引下线连接				
燃气系统			必选	可选	使用部位	备注
1.燃气立管		沿墙敷设	√		厨房、卫生间	外墙敷设
		管井敷设				
2.燃气水平管		预留孔洞及预埋套管	√		厨房	预留塑料保护套管
		顶板下布置				
模块化机电			必选	可选	使用部位	备注
1.装配式机房		装配式水泵房				
		装配式制冷机房				
		装配式换热机房				
2.装配式配套功能区		整体卫浴		√	卫生间	
		整体厨房		√	厨房	
		整体客房				

续表

机电系统策划					
	模块化机电	必选	可选	使用部位	备注
3.模块化管井	模块化水管井				
	模块化电井				
	模块化风井				
	模块化冷媒管井				
4.模块化机电管线	综合支吊架		√	公区及地下室	需复核荷载
	机电管线预制		√	公区及地下室	需考虑运输和安装

第 8 章

内装系统

内装系统是装配式建筑的重要组成部分，本指南第 13 分册《装配式建筑内装系统设计指南》进行详细的描述。为便于设计人员选用，可以按图 8-1 及表 8-1 进行内装系统策划及设计。

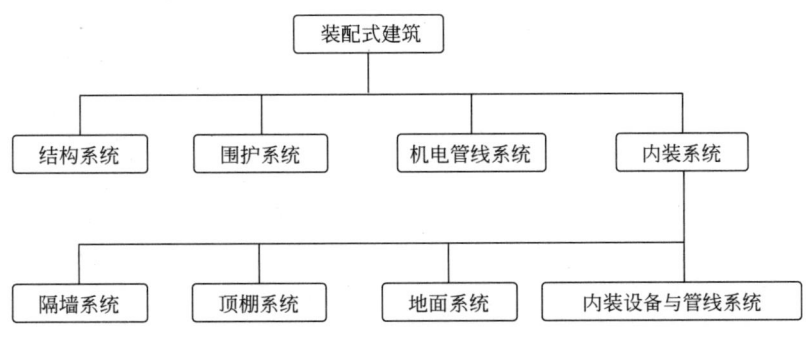

图 8-1 装配式建筑内装修策划逻辑示意图

装配式建筑内装修策划表　　　　　　　表 8-1

C1 装配式建筑内装系统			必选	可选	部位	备注
1. 隔墙系统	1.1 轻质条板隔墙	ALC 内墙板	墙板选型		分户墙	高度 3m 以上的分户墙
			连接做法			
			预留预埋			
			板缝做法			
		混凝土空心内墙板	墙板选型	√		常用高度
			连接做法	√		
			预留预埋	√		
			板缝做法	√		
	1.2 轻质龙骨隔墙	龙骨	龙骨做法	√	户内隔墙	50 竖龙骨/地龙骨，38 横龙骨
			连接做法	√		
		填充物	岩棉			

续表

C1 装配式建筑内装系统				必选	可选	部位	备注
1. 隔墙系统	1.2 轻质龙骨隔墙	填充物	其他		√	户内隔墙	
		管线预留预埋	水系统		√		
			电系统 电管线		√	根据使用要求	敷设需横平竖直
			电系统 开关插座		√	根据使用要求	符合使用及收纳配合需求
			电系统 强电箱		√	玄关	避免设置于水点附近的隔墙、剪力墙上
			电系统 弱电箱		√√	玄关	避免设置于水点附近的隔墙、剪力墙上
		吊挂做法	15kg 以上	√		厨房、卧室	吊柜,镜柜专用挂件
			15kg 以下		√	卫生间、玄关	加强背板
		墙面	不带饰面 石膏板		√		需要对饰面层进行处理
			不带饰面 硅酸钙板		√		
			一体化饰面板 一体化木塑饰面板		√	主要墙体（除厨房）	厨房墙面需防火 A 级
			一体化饰面板 一体化硅酸钙饰面板		√	主要墙体	规格尺寸尽量统一
			一体化饰面板 一体化饰面金属板		√		
		防水	普通有水房间		√		
			淋浴间	√			
		收口	线脚收口		√	墙顶交接处	粘贴
			踢脚收口		√	墙地交接处	
	1.3 轻质龙骨饰面墙	龙骨	龙骨做法	√		户内隔墙	50 竖龙骨/地龙骨,38 横龙骨
			连接做法	√			
		填充物	岩棉		√		
			其他		√		
		管线预留预埋	水系统		√		
			电系统 电管线		√	根据使用要求	敷设需横平竖直
			电系统 开关插座		√	根据使用要求	符合使用及收纳配合需求
			电系统 强电箱		√	玄关	避免设置于水点附近的隔墙、剪力墙上
			电系统 弱电箱		√	玄关	避免设置于水点附近的隔墙、剪力墙上
		吊挂做法	15kg 以上	√		厨房、卧室	吊柜,镜柜专用挂件
			15kg 以下		√	卫生间、玄关	加强背板

续表

C1 装配式建筑内装系统				必选	可选	部位	备注
1. 隔墙系统	1.3 轻质龙骨饰面墙	墙面	不带饰面	石膏板	✓		以乳胶漆及壁纸为饰面的墙体	需要对饰面层进行处理
				硅酸钙板		✓		
			一体化饰面板	一体化木塑饰面板		✓	主要墙体（除厨房）	厨房墙面需防火A级
				一体化硅酸钙饰面板		✓	主要墙体	规格尺寸尽量统一
				一体化饰面金属板		✓		
		防水	普通有水房间		✓			
			淋浴间		✓			
		收口	线脚收口		✓		墙顶交接处	
			踢脚收口		✓		墙地交接处	
	1.4 涂装墙		壁纸饰面			✓	需做饰面的混凝土墙体	
			涂料饰面			✓		
			石膏板			✓		
			木塑板			✓		
			金属板			✓		
2. 顶棚系统	2.1 免吊杆		跨度不大于1800		✓			
		吊顶材质	软膜天花					
			金属板					
			石膏板					
			PVC板					
			硅酸钙板					
	2.2 有吊杆	吊顶材质	金属板					
			石膏板			✓		有水房间不建议采用
			PVC板					
			硅酸钙板					
	2.3 免吊顶							
3. 地面系统	3.1 实铺地面	基层做法	砂浆	干铺		✓	无水房间	地砖
				湿铺		✓	有水房间	地砖，有水房间建议采用湿铺
			胶粘剂					
		地面材质	瓷砖地面			✓		
			实木复合地板				无水房	
			强化复合地板			✓		
			地毯					
	3.2 架空地面		网络地板					

续表

C1 装配式建筑内装系统			必选	可选	部位	备注
4. 设备与管线	4.1 机电设备	给水分水器				
		消火栓箱	√			根据消防相关规范设置
		喷头				
		采暖分集水器				
		散热器				
		空调室内机		√	各区域	
		空调新风机组				
		家用新风净化一体化				
		排气扇		√	卫生间	
		配电箱		√	机房、玄关	避免设置于水点附近的隔墙或剪力墙上
		灯具		√	有照明要求房间	依据各空间满足照度需求
		开关		√	有照明要求房间	符合使用需求
		强弱电插座		√	用电使用要求房间	符合使用需求
		消防系统	√			根据消防相关规范设置
	4.2 机电管线	给水管	√			
		排水管	√			如有需求，采用同层排水
		消防管	√			进入结合吊顶房间内的消防管尽量隐藏
		采暖管				
		空调冷热媒管				
		通风管	√			结合集成吊顶来做
		强弱电桥架		√		结合集成吊顶来做
		强弱电管	√			铺设需横平竖直

参考文献

[1] 叶浩文.一体化建造——新型建造方式的探索和实践［M］.北京：中国建筑工业出版社，2019.

[2] 樊则森.从设计到建成——装配式建筑20讲［M］.北京：机械工业出版社，2018.

[3] 中华人民共和国住房和城乡建设部.JGJ 99-2015 高层民用建筑钢结构技术规程［S］.北京：中国建筑工业出版社，2015.

[4] 中华人民共和国住房和城乡建设部.GB 50010-2010（2015年版）混凝土结构设计规范［S］.北京：中国建筑工业出版社，2015.

[5] 中华人民共和国住房和城乡建设部.GB 50204-2015 混凝土结构工程施工质量验收规范［S］.北京：中国建筑工业出版社，2014.

[6] 中华人民共和国住房国家质量监督检验检疫总局，中国国家标准化管理委员会.GB/T 1499.2-2018 钢筋混凝土用钢 第2部分：热轧带肋钢筋［S］.北京：中国标准出版社，2018.

[7] 中华人民共和国住房国家质量监督检验检疫总局，中国国家标准化管理委员会.GB/T 5224-2014 预应力混凝土用钢绞线［S］.北京：中国标准出版社，2014.

[8] 中华人民共和国住房和城乡建设部.JG/T 161-2016 无粘接预应力钢绞线［S］.北京：中国建筑工业出版社，2016.

[9] 中华人民共和国住房和城乡建设部，中华人民共和国住房国家质量监督检验检疫总局.GB50017-2017 钢结构设计标准［S］.北京：中国计划出版社，2017.

[10] 中华人民共和国住房和城乡建设部.GB 50011-2010（2016年版）建筑抗震设计规范［S］.北京：中国建筑工业出版社，2016

[11] 中华人民共和国住房和城乡建设部，中华人民共和国住房国家质量监督检验检疫总局.GB 50009-2012 建筑结构荷载规范［S］.北京：中国建筑工业出版社，2012.

[12] 中华人民共和国住房和城乡建设部.JGJ 3-2010 高层建筑混凝土结构技术规程［S］.北京：中国建筑工业出版社，2010.

[13] 中华人民共和国住房和城乡建设部.GB/T 51231-2016 装配式混凝土结构技术标准［S］.北京：中国建筑工业出版社，2017.

[14] 中国建筑标准设计研究院.15G310-1 装配式混凝土结构连接节点构造［S］.北京：中国计划出版社，2015.

［15］中华人民共和国住房和城乡建设部.GB 51129-2017 装配式建筑评价标准［S］.北京：中国建筑工业出版社，2018.

［16］中华人民共和国住房和城乡建设部.JGJ/T 398-2017 装配式住宅建筑设计标准［S］.北京：中国建筑工业出版社，2018.

［17］中国建筑标准设计研究院，中国建筑科学研究院.JGJ-1 2014 装配式混凝土结构技术规程［S］.中国建筑工业出版社，2014.

［18］中国建筑标准设计研究院.JGJ/T 458-2018 预制混凝土外挂墙板应用技术标准［S］.北京：中国建筑工业出版社，2018.

［19］周静敏.工业化住宅概念研究与方案设计［M］.北京.中国建筑工业出版社，2019.

［20］内田详哉.建筑工业化通用体系［M］.北京：上海科学技术出版社，1983.